SHODENSHA
SHINSHO

世界を変える5つのテクノロジー

——SDGs、ESGの最前線

山本康正

祥伝社新書

はじめに
2050年の世界を待ち受ける風景——

2050年夏。東京の最高気温は40度を超え、熱中症による死者は過去最悪の6500人に達したというニュースが流れてきた。

「地球温暖化なんて陰謀論だろ?」
「綺麗事より目先の利益が大事なんだよ」
「どうせ私ひとりが頑張っても何も変わらないよ」

30年前に友人たちがいっていた言葉をふと思い出す。

近年、海水温の上昇と海水の酸性化によって、沖縄のサンゴ礁の白化《はっか》が進んだ。かつてのような美しい海中風景が消え、そこに暮らしていた多くの生物が地球から姿を消した。

昔は「スーパー台風」と呼ばれていた特別な台風が、今では当たり前のように日本に上陸するようになり、大規模な洪水や土砂災害の映像が秋の風物詩となってしまっている。威力を増した台風は都市部のライフラインに影響を与えるだけでなく、農地や農作物にもダメージを与えている。おかげで食材の高騰《こうとう》が止まらず、30年前に比べると一部の富裕層を除いて質素な食卓が常となっている。

世界に目を向けると、状況はより深刻だ。

パリの最高気温は50度を突破。2003年に2万人以上の死者を出した「ヨーロッパ熱波」に近い猛暑が、ここ数年は毎年のように繰り返されている。長期の干ばつによって農作物も枯れ、収穫量も2020年と比べて50パーセント減ったという。

雨季と乾季が交互に訪れていた東南アジア諸国では、雨季の降水量が激減したことで食料生産量が大幅に減少した。小麦や米の価格が高騰し、貧困の拡大や乳幼児の栄養不足、不衛生な環境下で蔓延《まんえん》する疫病《えきびょう》、飢餓問題が深刻化している。食料と資源をめぐる紛争は東南アジアに限らず世界中で頻発《ひんぱつ》するようになり、戦場ではＡＩを搭載した無人兵器が主役となっている。さらに、人類がＡＩ兵器に対する規制を後回しにした結果、安価な自律型のＡＩ兵器がテロ組織にも渡るようになり、一般市民を巻き込んだテロ攻撃が世界各地で起きるようになった。

かつては世界一の繁栄を謳歌したアメリカでも地下水の枯渇《こかつ》が危機的状況になり、水を独占しようとする富裕層に対する暴動が至るところで起きている。

海に目を向けると、南極の氷が溶け続けたことで世界の海面が1メートル上昇した。それにより、太平洋の島々や世界中の湾岸都市が水没、もしくは水没の危機に晒《さら》されている。10億人以上の生活に影響が出たとされ、〝気候難民〟と呼ばれる住む場所を追われた人々が、移住先で元々の住民たちとの間で軋轢《あつれき》を生んでいる。

残念ながら海洋汚染も、もはや後戻りできない状況だ。

何十年にもわたり、年間約８００万トン分（ジャンボジェット機5万機分）ものプラスチックごみが海に捨てられ続けてきた結果、半永久的に海洋を漂うプラごみやマイクロプラスチックが、海の生態系に甚大な被害を与えた。とうとうプラごみの量が海の生物の量を上回ったそうだ。多くの国々の漁業・養殖業・観光業も壊滅的な状況になった。

２０５０年なんてまだ遠い未来のことだと思っていた――。

これらは世界各国の科学者でつくる国連の「気候変動政府間パネル（ＩＰＣＣ）」の報告書などを基にした「２０５０年の世界の姿」です。消費者が大量生産・大量消費のライフスタイルを止め、各国の企業が温室効果ガスの排出規制や環境問題に本気になって取り組まない限りは、このような未来が高い確率で待ち受けているかもしれません。

◆なぜ今ＥＳＧ、ＳＤＧｓが求められているのか

昨今話題になっている「ＥＳＧ」や「ＳＤＧｓ（持続可能な開発目標）」は、そんなディストピア化するであろう未来を止めるために、人類が考え出したキーワードです。

今やこれらの言葉をメディアで見ない日はないといってもいいくらいですが、本気で社会課題の解決に取り組んでいる人、そして企業や自治体は、海外に比べると日本ではまだ少ないのが現実です。もちろん、すでに取り組んでいる企業も多数ありますが、欧米などの企業と比べると、本気度でも技術の革新性でも日本企業の後れが目立ちます。

ＥＳＧとは企業の価値を測る際の新たな指標を意味します。詳しくは第1章で解説していきますが、従来の投資のように売上高や利益のみを重視するのではなく、顧客や取引先、従業員、地域などのステークホルダーにも目を向け、環境・社会・企業統治（ガバナ

ンス）の3つの観点から複合的に捉《とら》えて企業価値を向上させていく、という考え方のことです。ESG経営は企業が中長期的なヴィジョンを描けているかを判断するものさしであり、ESGを推進することは、結果として世界の共通目標であるSDGsの達成にもつながります。

本書ではESGが単なる流行語ではなく、企業の新たなスタンダードに成り代わった背景、人類が直面している社会課題とそれらの解決に向けた最先端のテクノロジーやグローバル企業の試みを紹介していきます。

そこからESG経営で後れを取っている日本企業がこの先舵を取っていくためにはどうすればよいのか、変化が激しい時代を生き抜いていくためにビジネスパーソンとして何を理解し、どう行動していくべきかを伝えていきます。

◆生物学を学び、シリコンバレーの投資家へ

私の職業はシリコンバレーに拠点を置くベンチャー投資家です。簡単に説明すると「優《すぐ》れたベンチャー企業に投資し、育成する仕事」ですが、そこに至るまで文系と理系を行き来しながら学び続けたことが、ベンチャー投資家としての強みにもなっています。

京都大学で生物学を学び、在学中の交換留学でニュージーランドを訪れたことがきっかけで環境問題に興味を持つようになりました。その後は、東京大学大学院で環境学を学び、JICA（国際協力機構）での研究の一環として東ティモールなどの開発途上国を訪問しました。現地の深刻な状況を自分の目で見て、持続可能な支援や国際貢献の形について真剣に考え始めたのもこの頃だったように思います。

卒業後はニューヨークの金融機関に勤めたあと、ハーバード大学大学院で理学修士号を取得しました（ちなみにハーバード大学のフルタイムのプログラムではサステナビリティ「持続可能性」という学位はありません。エクステンションスクールという生涯学習に近いプログラムにはあります）。

その後グーグルに入社して、大企業の社長や役員向けに世界最先端のテクノロジーやサービスを紹介する、今でいうDX（デジタルトランスフォーメーション）の考え方を伝えるインダストリーアナリストという職種を経て、ベンチャー投資家として独立しました。

以後、「世の中を変えるかもしれない」可能性を秘めたテクノロジーや仕組みを持つ、ベンチャー企業への投資を行なっています。

私はひとりの投資家として、ただ儲《もう》けだけを目的とした企業には投資しないことを信条としています。そのベンチャー企業が持っているテクノロジーやヴィジョンが、社会でどのように役立つのか、成長していくことで世界をどうポジティブに変えていけるのかを常に重視しています。社会課題が余りに多く、大企業だけでなく、ベンチャー企業がテクノロジーを駆使して、解決しなければならないのです。

◆「脱成長」に逃げ込む危うさを自覚する

今、日本でも「脱成長」の思想がブームになりつつあります。その背景にあるのは、グローバルな資本主義が環境破壊や人的搾取《さくしゅ》を行なってきたことへの反省と批判の眼差しでしょう。一部の大企業に富と権力が集中する資本主義システムへの疑念、めまぐるしく表れる最新テクノロジーへの反発や猜疑心《さいぎしん》も無関係ではないと思っています。

さらに、新型コロナウイルスによって引き起こされたパンデミックによって、心身が疲弊した人々が「脱成長」という幻想に寄りかかりたくなってしまう心理も影響しているかもしれません。

ただし、各国がＳＤＧｓという共通の課題に向き合っていく大きな流れの中で、日本だけが「脱成長」へとシフトしてしまう展開は非常に危険であると私は思っています。「脱成長」は思考停止と紙一重です。各国が連帯し、最新のテクノロジーを味方につけて変革を起こし、成長を続けながらＳＤＧｓに向き合っていく。それを横目に見ながら、日本だけがスローダウンして内向きに縮小していく――。

そんな日本の未来に、一体どのような希望が見出せるというのでしょう？

もちろん、資本主義が完璧なシステムであるといいたいのではありません。富や権力の不均衡は是正されるべきでしょう。今より公正な社会を実現していくには、社会構造や再分配のあり方は今後も見直していく必要があります。既存の資本主義を改良していくのです。

そのためには新たなテクノロジーを取り入れ、全方位でステークホルダーを巻き込みながら、企業も個人も、そして社会全体も成長を続けていくべきではないでしょうか。

私たち一人ひとりがＳＤＧｓやＥＳＧを「自分ごと化」していくために、世界の最前線を知る。正しい知識の獲得は、いわばフェイクニュースという感染症に対する免疫の獲得にもなります。

そして、テクノロジーとビジネスが交わる場から、資本主義をもう一度捉《とら》え直していく。

とくにＥＳＧは企業の成長を左右する重要なテーマであり、新時代の生存戦略です。

本書を通じて、企業が正しく成長していくための道標ともなるＥＳＧの理解が深まることを願っています。

２０２１年８月

山本康正

目次——世界を変える5つのテクノロジー

第２章　２０３０年の世界を救うテクノロジー

第3章　2030年をリードする企業の勝ち方

第4章 ESGで激変する業界

第5章 日本企業への処方箋

第6章　特別対談　小島武仁×山本康正

「理想を現実に変える 経済学の未来」

編集協力　阿部花恵
本文ＤＴＰ　アルファヴィル・デザイン

第1章

ESGはビジネスの最低条件

◆サステナブルと経済成長、二兎を追うべき必然性

社会の持続可能性（サステナビリティ）を高めるための企業の取り組みは、かつてのように単純なPR効果や、レピュテーション（評判）の改善を狙うだけのものではなくなっています。長期的な視野でビジネスを展開するグローバル企業にとって、環境問題をはじめとするサステナビリティを踏まえた経営や事業の構築は、世界規模のマーケットで投資家から投資を受けるために必須のものになっているといえるでしょう。

〝地球環境を守る活動〟と聞くと、テクノロジーの発展と相反するものだと考える人が日本ではまだ多いかもしれません。実際、社会的課題の解決に向けて、プラットフォーマー企業がもっと責任を果たすべきといった議論がされることもあります。

しかし近年は、環境分野の取り組みについても、GAFA（グーグル、アップル、フェイスブック、アマゾン）などの巨大デジタルプラットフォーマーを筆頭に、成長著《いちじる》しいテック企業の存在感が増しています。

たとえば、グーグルは人工知能（AI）を駆使して電力の使い方を最適化することで、サーバ冷却のために使う電力を約4割削減することに成功しています。グーグルのような

巨大デジタルプラットフォーマーのデータセンターの消費電力は一国の消費量に匹敵するといわれますから、これはかなり大きなインパクトがある成果です。

また、マイクロソフトは「２０３０年までにカーボンネガティブを達成する」と宣言しています。カーボンネガティブとは二酸化炭素（CO_2）の吸収量が排出量を上回る状態を指し、地球温暖化抑止に貢献するものです。同社は「１９７５年の創業以来、企業活動を通じて排出してきたすべての二酸化炭素を２０５０年までに環境から除去する」と発表し、これに合わせて環境問題に取り組む新しいテクノロジーに投資する基金「Climate Innovation Fund（気候イノベーション基金）」も設立しています。

アマゾン・ドット・コム元最高経営責任者（ＣＥＯ）のジェフ・ベゾス氏も、気候変動問題に取り組むファンド「Bezos Earth Fund（ベゾス・アース・ファンド）」を設立。このファンドに私財の約１割に当たる１兆円規模の資金を投じたとも発表されています。

アップルは２０２１年の株主総会で、将来的にすべてのプロダクトをリサイクル材だけを使って生産することを正式に表明しました。さらにプロダクトの製造に用いる電力を１００パーセント、再生可能エネルギーに振り替えていくことを発表しています。

これらの世界トップクラスの巨大テック企業は時価総額が100兆円という規模を誇り、全世界にサプライチェーンを展開しています。そのビジネスが与える社会への影響は非常に大きく、各国政府との対話も重要になりますし、事業が規制の対象になることもありえます。

そのため、企業は環境問題をはじめとするサステナビリティ、つまり公益性の追求と自社の経済成長、この二兎《にと》を本気で追う必然性があるのです。

◆テクノロジーは社会課題を解決するための最強ツール

「はじめに」でも述べましたが、私は社会課題に対する関心から、東京大学大学院で環境学を学びました。環境問題を解決するためには、国際的な協力が不可欠です。そこで国際協力機構（JICA）での研究に関わり、その一環として東ティモールやミャンマー、カンボジアなどの開発途上国を訪れたり、外務省へのインターンをしたりするなど、実際の現場の様子を知る機会を得ました。

そうした経験から痛感したことは、環境問題へアプローチするには、さまざまな分野の武器を使いこなす必要がある、ということです。

環境問題を解決するには、政治学、経済学、地政学、法律、化学、建築、公衆衛生など、学問の分野を超え、あらゆる手段や技術をどんどん組み合わせて使うことが求められます。そして、そこでなにより力を持つのがテクノロジーなのです。

海外の事例にあまり目を向けることのない日本人の中には、テクノロジーの加速が資源の浪費につながるなど、環境問題にマイナスの影響を与えるという誤解をしている人が少なくありません。

しかし、第2章以降で詳しく説明していきますが、現実はその逆です。今や先進企業のさまざまな最先端のテクノロジーが社会的課題の解決を模索し、サステナビリティを高めるために大きな役割を果たしているのです。むしろ、高度なテクノロジーを駆使する先進企業ほど、利益だけを追求するのではなく、環境問題をはじめとする社会課題に取り組むなど、社会のサステナビリティに寄与する、公益性を重視した事業を展開する傾向があるともいえます。

◆ESG＝企業を測る「お金以外」の指標

このような企業の公益性重視のスタンスを後押ししているのが、本書のテーマのひとつ

図1：ESGの思想

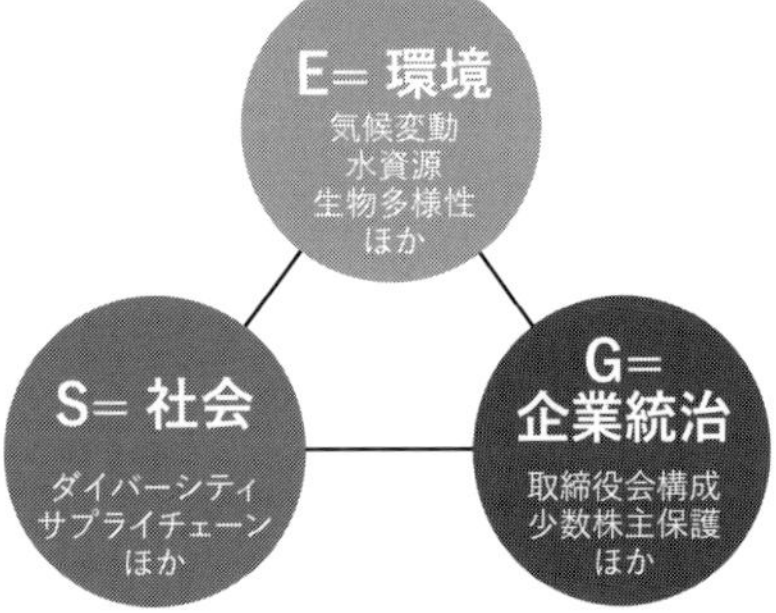

※GPIF資料を基に作成

であるESGです。

ESGのEは環境（Environment）、Sは社会（Social）、Gは企業統治（Governance）を意味します。通常、民間企業においての評価材料として重視されるのは、売上高や利益といった業績や財務指標です。

けれども、財務情報だけでは企業の持続可能性や長期的な収益性を判断できません。そこで、お金以外の「非財務情報」、つまり環境・社会・企業統治という3つの視点から社会的責任を果たそうとする企業を評価し、「持続的に成長して長期的な利益を生み出す」ことを重視する企業への投資が、ESG投資なのです。

ESGが重要視されるようになった背景には、金融業界の投資に対する価値判断の転換があります。

なぜ、このＥＳＧが世界的に注目されるようになったのか？　そこに至るまでの大まかな流れをおさらいしていきましょう。

◆国連ミレニアム宣言から始まった世界共通目標

地球規模における将来世代を見据えた「持続可能な開発」という考え方は、20世紀の後半から国際社会において常に重要な課題として意識されてきました。その関心がより高まったのは、２０００年９月、国連ミレニアム・サミットに参加した１８９カ国による「国連ミレニアム宣言」の採択です。

これを契機にして、翌２００１年には２０１５年までに達成するべき国際社会共通の目標として「ミレニアム開発目標（ＭＤＧｓ＝Millennium Development Goals）」がまとめられることになりました。このＭＤＧｓこそが、ＳＤＧｓの前身です。

ＭＤＧｓでは環境持続可能性の確保のほか、極度の貧困や飢餓の撲滅、普遍的な初等教育の達成、ジェンダーの平等の推進と女性の地位向上など、８つの目標、21のターゲット、60の指標が定められました。このＭＤＧｓに向けた国際社会の取り組みは、貧困の減少や初等教育の就学率の改善など、世界全体で一定の成果を上げることができました。一方で、あくまでも先進国による途上国援助という色合いが強かったので、国や地域によって目標達成に差があり、格差の拡大といった課題も残されることになりました。

◆MDGsからSDGsに転換した狙い

そこでMDGsの最終年となった2015年9月の国連サミットにおいて、加盟国193カ国によって採択されたのが「持続可能な開発目標（SDGs＝Sustainable Development Goals）」です。

SDGsでは、貧困問題、格差問題、エネルギー、気候変動、海洋環境、紛争など17の分野で2030年までの具体的な目標が示されました。

つまりMDGsから15年を経て、あらためてSDGsに衣替えをしたということです。

私自身も途上国の開発支援に携わっていた経験から実感していますが、大きな社会的課題の解決には長い時間がかかります。10年、20年でなにもかもがすっきり解決するようなことは、ほぼありえないといい切れます。

一方で、長い年月をかけて問題解決に向き合い続ける過程では、人も組織も、どうして

図2：MDGsからSDGsへ

※ 外務省資料を基に作成

も息切れする時期が出てきます。簡単にいうと、ダレてくるということ。ＭＤＧｓからＳＤＧｓへの仕切り直しは、ダレてきたタイミングで看板を差し替えることによって、心機一転、ゴールに向けた活動を活性化させようという狙いもあったのでしょう。

じつはこういった施策は、マーケティングの観点からも意味があります。内容をアップデートしたいときにネーミングを一新して注目を集めることは、どんな分野であれ長期的な活動をしていくうえで不可欠なのです。

テクノロジー業界でも「ユビキタス」から「ＩｏＴ」、「情報革命」から「ＤＸ」という言葉が使われるようになりましたが、これらも同じくマーケティング的な効果を狙ってのこと。たとえば、

「Society 5.0」というキーワードを初めて聞いた人は、「それってどういうものだろう?」「知らないのは自分だけかも?」と関心と危機感を抱き、自分から調べてみる気になるでしょう。ちなみに、Society 5.0とはAIやブロックチェーンなどの最新テクノロジーを活用することで暮らしをスマート化し、地域間の格差やあらゆる社会課題の解決を目指す、という日本政府が提唱しているキーワードです。

社会課題の解決には長い時間がかかるため、世間の関心を集め続けるためにも、このように概念を変えた新しいキーワードを作ることは必要不可欠なのです。

◆SDGsが掲げる17の目標

近年のホットワードともいえるSDGsは、関連書籍が続々刊行され、メディアでも頻《ひん》繁《ぱん》に取り上げられるようになりました。ただ、日本の社会ではSDGsの概念がまだ十分に浸透しているとはいえません。

ここで、あらためてSDGsが2030年までの達成を目指している17項目の目標を紹介しておきましょう。

目標1　貧困をなくそう
目標2　飢餓をゼロに
目標3　すべての人に健康と福祉を
目標4　質の高い教育をみんなに
目標5　ジェンダー平等を実現しよう
目標6　安全な水とトイレを世界中に
目標7　エネルギーをみんなに、そしてクリーンに
目標8　働きがいも経済成長も
目標9　産業と技術革新の基盤をつくろう
目標10　人や国の不平等をなくそう
目標11　住み続けられるまちづくりを
目標12　つくる責任、つかう責任
目標13　気候変動に具体的な対策を
目標14　海の豊かさを守ろう
目標15　陸の豊かさも守ろう

目標16　平和と公正をすべての人に
目標17　パートナーシップで目標を達成しよう

これら17の目標は人権・経済・環境・平和といった分野からなり、それぞれの目標を細分化した169のターゲット（具体的目標）、232の評価指標が定められています。

このようにSDGsは多様な社会課題について具体的なゴールを設定することで、持続可能な社会の実現に向けた活動のベクトルを世界的に一致させるものです。SDGsは「誰ひとり取り残さない」を理念としており、各国の政府や都市、そして数多くの企業がその目標達成に向けて取り組みを進めています。

◆SDGsの起爆剤はリーマン・ショックだった

SDGsとMDGsの大きな違いのひとつは、今述べたように民間企業を含めたすべての地球人が当事者であるという点です。企業には事業（本業）を通した課題解決への貢献が求められているのですが、ここまで盛り上がっている理由は何でしょうか。

じつは、多くの企業がSDGsを意識するようになった背景には、それに先駆けた金融業界の動きの影響が非常に大きいのです。

きっかけとなったのは２００６年、当時の国連事務総長だったコフィ・アナン氏による金融業界に向けた責任投資原則（PRI = Principles for Responsible Investment）の提唱です。

ＰＲＩとは、機関投資家が投資をする際に、環境、社会、企業統治の課題についてしっかり検討し、評価に反映させるよう求めたものです。

つまり、これがＥＳＧの原点です。ＰＲＩの考え方に賛同する投資家の規模は右肩上がりに増え続け、それにともない企業の投資価値を測る新しい評価項目として、ＥＳＧの概念も広まっていきました。

さらにＥＳＧへの世界的な関心を一気に拡大させたのが、２００８年に起きたリーマン・ショックです。

アメリカの低所得者層向け住宅ローン（サブプライムローン）が不良債権化したことによって、大手投資銀行のリーマン・ブラザーズが倒産。そこから世界的な株価の下落や金融危機が引き起こされ、大手銀行や不動産会社が次々に経営破綻に追い込まれました。

〝Too big to fail（大きすぎて潰せない＝破綻させると経済に壊滅的打撃を与えるため、政府の支援が必要な状態）〟の状態に陥《おちい》り、政府は保険会社大手ＡＩＧなどに公的資金が投入します。これは、儲けたら自分たちのお金、損したら政府に救済してもらうというモラルハザード（倫理観の欠如）の問題があります。

しかし、巨大金融機関のみが救済されるというアンフェアな事態に、一般市民の怒りが爆発。政府や金融業界への批判が噴出し、２０１１年には〝Occupy Wall Street（ウォール街を占拠せよ）〟という大規模なデモ運動へと発展しました。

当時、私は三菱東京ＵＦＪ銀行（現・三菱ＵＦＪ銀行）ニューヨーク米州本部に勤務していたため、一連の現場を目の当《ま》たりにしてきました。三菱東京ＵＦＪ銀行はかなり保守的なポートフォリオ運用をしていたため、リーマン・ショックによるダメージは少なかったのですが、アメリカの投資銀行が金融工学的に切り分けたハイリスクな金融商品を売り飛ばすさまを見て、いつか損失がドミノ倒しのようにならないかという怖さを常々感じていました。また、それによって引き起こされたリーマン・ショックが、金融業界の転換点になるであろうことは、リーマン・ブラザーズとともにベアー・スターンズがＪＰモルガンに、メリルリンチがバンク・オブ・アメリカに吸収されたことや、ゴールドマン・サックス、モルガン・スタンレーなどの巨大投資銀行であっても潰れかけたという点で肌感覚でも伝わってきました。

結果、短期的な利益追求を最優先させる思想が引き起こした金融危機によって、「ショート・ターミズム（短期主義）」への批判や反省が一気に高まりました。そのアンチテーゼとして、投資家も企業も長期的で持続的な企業価値を評価するESGを、あらためて重要視するようになったのです。

◆ESG思想を主導した金融業界

こうした動きをいち早くリードしたのはヨーロッパです。

欧州議会はESG投資を積極的に後押しして、世界に先行して取り組んでいきました。ヨーロッパはもともと環境問題に非常にセンシティブであり、「社会的な強者には弱者を救済する義務がある」というノブレス・オブリージュの思想が生まれた地でもあることも影響しているのかもしれません。

ヨーロッパの金融業界の動きがアメリカにも波及したことにより、利益重視・最優先が主流だったアメリカの機関投資家の意識にも変化が生じます。社会への影響や公益性を考えたうえで、投資先を選定するケースが増えていったのです。

図3：世界のサステナブル投資残高

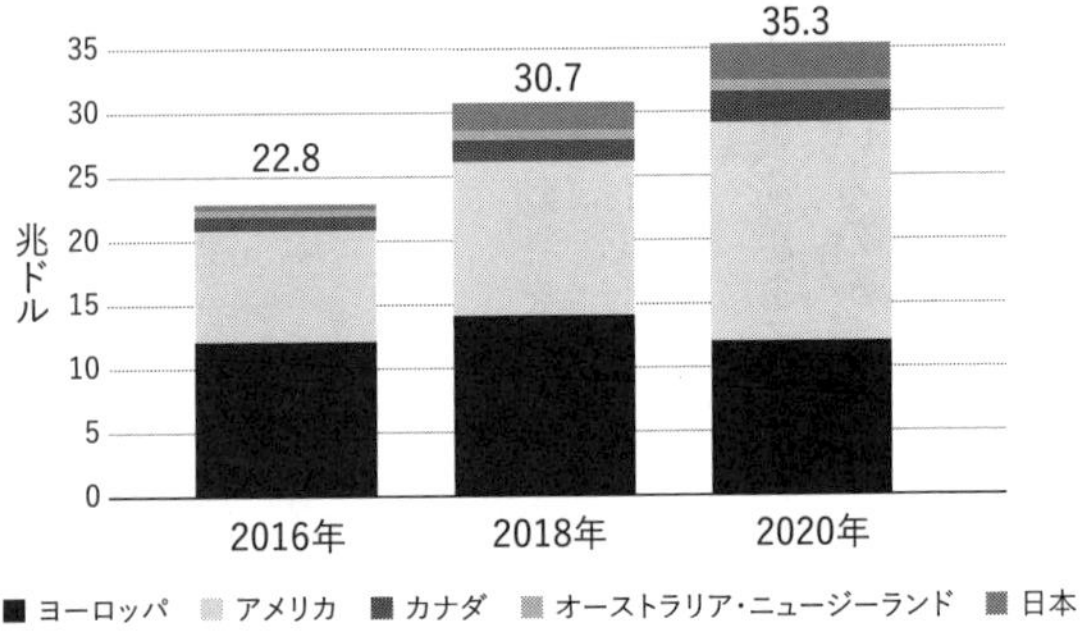

※Global Sustainable Investment Review2020より作成

２０１６年以降のＥＳＧ投資における伸び率を見てもそれは明らかです。アメリカ、カナダ、オーストラリア・ニュージーランド、そして日本のＥＳＧ投資額は年々増加。社会課題解決への投資は急成長しており、２０２０年には何と35兆ドル（約３９００兆円）という驚異の規模にまで成長しています。

「気候関連財務情報開示タスクフォース（ＴＣＦＤ）」が、２０１７年の提言で企業の気候変動に関連する情報の自発的な開示を推奨したことも、投資家や金融機関の視点に大きな影響を与えていると思われます。

◆ブラックロックの大転換で株式市場が激震

このように各方面からのプレッシャーを受け

て、世界の大企業もＥＳＧ経営に本腰を入れていきます。

約９兆ドル（約９８０兆円）を運用するアメリカの大手資産運用機関ブラックロックは、かつては環境問題への取り組みに積極的とは到底いえない企業でした。その同社が、２０２０年に投資の方針を大きく転換します。気候変動を投資決定の中心に置く、全面的な「サステナビリティ宣言」を発表。運用資産から５億ドルを超える石油関連株を放出したほか、気候変動に対する取り組み基準を遵守していない２４４社に通知を行なうなど、投資戦略の中心にサステナビリティを置く姿勢を表明したのです。

ブラックロックの「サステナビリティ宣言」は、世界の株式市場に大きな影響をもたらしました。運用資産残高が世界最大規模の同社の方向転換は、ＥＳＧに無関心な企業は取引先として評価されなくなる、つまり資金調達面で不利になるという事実をあらためて企業に突きつけたのです。

環境保護団体や一般の消費者による環境問題への訴えは、残念ながらなかなか企業を動かすコレクティブ・インパクト（さまざまな主体による協働）にはなりません。その意味では、アメリカのＥＳＧ投資の拡大傾向は、こうした金融業界の主導によって動いた側面が大きいといえるでしょう。

世界全体に視点を移しても、２０１６年以降、ＳＤＧｓの目標に各国が取り組むようになったことで、ＥＳＧ投資は活性化しています。世界的に投資判断の流れはＥＳＧの観点を重視する方向へとシフトすることになりました。

２０１９年にはアメリカ主要企業の経営者団体であるビジネス・ラウンドテーブルが「株主第一主義を見直し、従業員や地域社会など、すべてのステークホルダーを考慮した経済活動を重視する」という声明を発表。世界に大きなインパクトを与えました。

ビジネス・ラウンドテーブルの会長であるジェイミー・ダイモン氏は投資銀行ＪＰモルガンＣＥＯでもあり、アメリカの銀行業界を代表するひとりです。そんな彼が株主第一主義からの転換を宣言したことは、リーマン・ショックからおよそ10年を経たアメリカ金融業界の意識の変化を強く実感させられるものでした。

◆日本のESG投資はどこから始まったのか

こうして世界的な潮流となったＥＳＧ投資ですが、日本での認知が広がったのは２０１５年です。年金積立金管理運用独立行政法人（ＧＰＩＦ）が、前述のＰＲＩに署名したことが契機となりました。

図4：日本のサステナブル投資残高

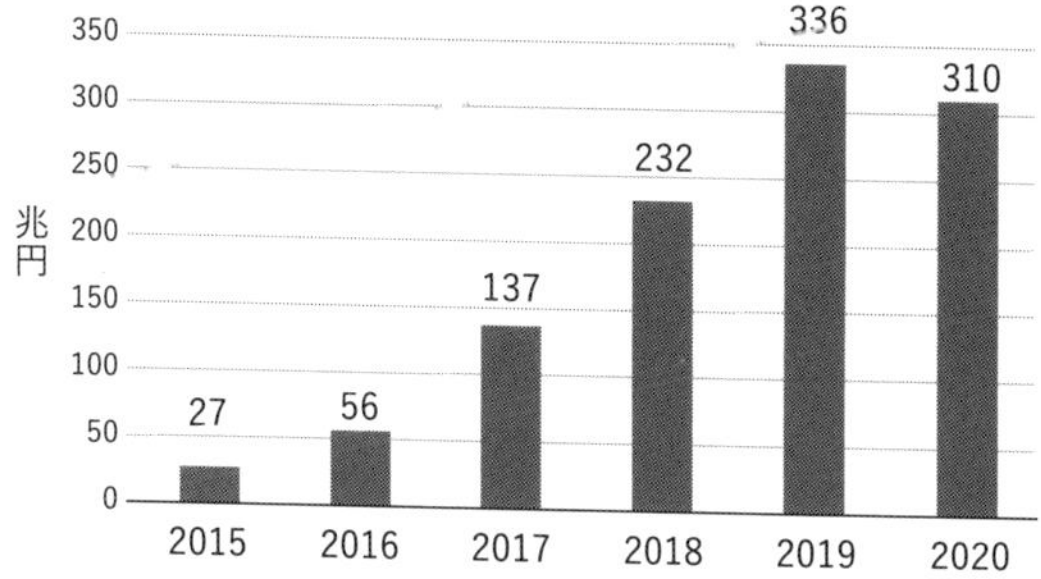

各年とも3月末時点の実績。2020年はコロナ禍で株価が下がった影響で減少。
※日本サステナブル投資フォーラムのデータより作成

以降、日本国民の年金約１８０兆円を運用する世界最大級の年金基金であるＧＰＩＦは、資産運用の方向性をＰＲＩが推進するＥＳＧ投資に向けて大きく舵を切りました。それまで株式だけだったＥＳＧ投資の対象を、運用資産全体へと広げたのです。

その規模の大きさから〝市場のクジラ〟と呼ばれる投資機関ＧＰＩＦの動向は、世界の投資マネーに影響を与えることになり、日本企業もＥＳＧを意識せざるを得なくなりました。ＥＳＧの観点から中長期的に持続性のある成長戦略やリスクマネジメントにしっかり取り組まなければどうなるのか？　企業価値が下がり、株価を下落させる可能性が大いにあります。ＧＰＩＦがＥＳＧ投資に向けてアクセルを踏んだことで、日本でも潮目が変わってきたのです。

とはいえ、先行する欧米に比べると、日本はまだまだ後れを取っているといわざるをえません。右肩上がりに増加し続けるESG投資市場は35兆ドルを超える規模まで成長していますが、その80パーセント以上をヨーロッパ諸国とアメリカが占めており、日本はまだ10パーセントにも満たない段階です。日本も高い伸び率で拡大してきてはいるのですが、現時点での存在感は到底大きいとはいえません。

◆CSR、CSV、ESGはどこが違う?

もうひとつ、欧米でESG投資が大きく成長を遂げてきた背景には、「コーポレート・シチズンシップ」という考え方が普及してきたことも関係があります。これは、「企業は利益を追求する前に社会を構成する市民であり、社会に対する責任がある」とするものです。

かつて、社会貢献に熱心な大企業には、CSR(Corporate Social Responsibility)の部署が創設されていました。CSRとは「企業の社会的責任」であり、自社の株主や従業員の利益だけでなく、社会全体の利益にも企業は貢献すべきである、という考え方です。寄付や慈善活動、環境保全などがＣＳＲにあたります。

しかし、日本企業におけるＣＳＲへの取り組みは、サステナビリティの実現を目指すというより、イメージアップやブランディングを目的にしたものがほとんどでした。リーマン・ショックで景気が悪化していく中で、多くの日本企業がＣＳＲの予算削減に向かったのもその証左でしょう。

日本では２０１０年代に入ると、慈善活動的な色合いが強くなったＣＳＲとは異なり、主体性を持って社会課題の解決に取り組むＣＳＶ（Creating Shared Value：共有価値の創造）という概念が流行しました。社会課題に、自社の事業で関与していく。コーポレート・シチズンシップとも重なるこのＣＳＶは、ＥＳＧ投資の流れの中で参考になる考え方です。

先述のように、日本企業にはコーポレート・シチズンシップの思想はあまり浸透していません。なぜなら、コーポレート・シチズンシップの根幹には、「グローバルな視点からサステナビリティに自社がどのように貢献できるのか」という検証が不可欠だからです。

日本企業の売上の多くはいまだ内需で成り立っているため、これまではそうしたグローバルな視点に立つ必然性がそもそもありませんでした。私の観測では、グローバルなコーポレート・シチズンシップの観点から事業展開をしている日本企業は、１００社も満たな

図5：ESG投資とSDGsの関係

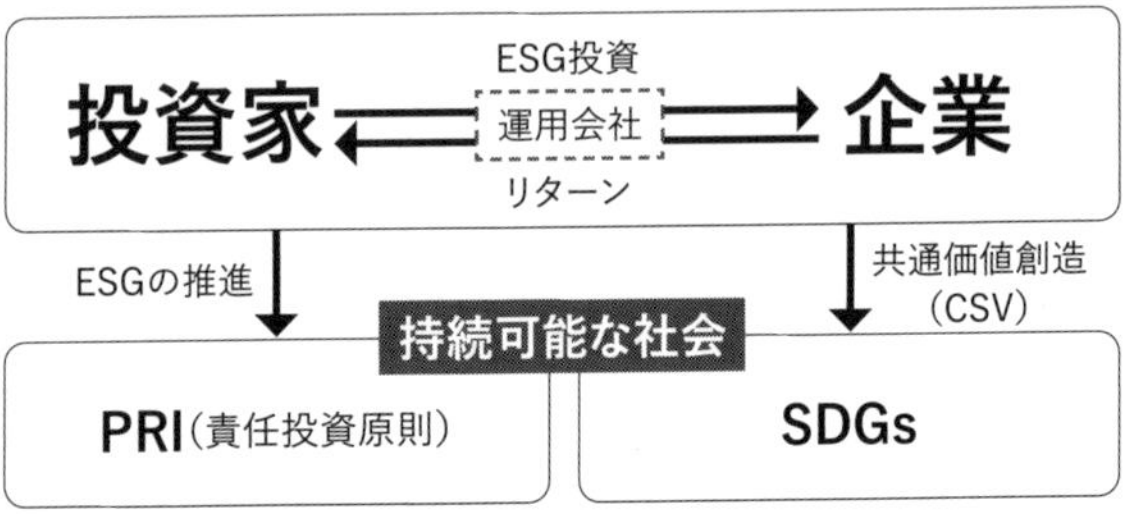

※GPIF資料を基に作成

いように思います。そういった要因も、日本のESG投資が欧米に比べて後れてしまっている要因のひとつです。

　前述した通り、リーマン・ショック後の欧米では「ショート・ターミズム（短期主義）」、「株主第一主義」が見直され、サステナビリティの観点から、長期的・持続的成長への配慮を重視するようになり、ESG投資の広がりによってSDGsなどに取り組む企業は、投資家からの評価も高まるようになりました。ESGや、SDGsに取り組むということは、経営の理念そのものに反映されなければならず、その理念が本業の意思決定や、製品開発など隅々に反映されている状態のことを表します。単発の施策ではないのです。

　しかし、日本ではサステナビリティに関する取り組みについて、「ＣＳＲの延長だろう」としか捉えていない経営者や投資家がいまだに多く見られます。そうした取り組みは企業の収益とは直接的な関係がなく、レピュテーションの改善効果があればいいだろうという意識が強いからです。

むしろ、企業が環境問題を考えるのはコスト増につながり、余計な負担がかかるものとして冷ややかな目で見ている投資家もいまだに存在しているようです。

◆ＥＳＧはビジネス参加の最低条件である

けれども、世界的にＳＤＧｓの目標達成に向けた動きが活性化し、ＰＲＩへの署名機関数は増加し続けています。世界の環境関連投資はすでに３０００兆円を優に超えており、現在進行形で多くのマネーがＥＳＧ投資に向かっています。

長期的に見ても、ＥＳＧ投資は企業のパフォーマンスを犠牲にするものではありません。むしろ、企業の成長を促《うなが》し、投資家にはリターンをもたらすものです。ＥＳＧは資金調達に直結している、より具体的で戦略的な観点といえるでしょう。

さらに、東京証券取引所の売買代金の半分以上を外国人投資家が占める以上、日本企業であっても影響は避けられません。上場していない中小企業であっても資金調達先やパートナーシップを外部に頼る可能性があるという意味では同様です。

たとえば、アップルやマイクロソフトは、サステナビリティに関する取り組みを自社だけなく、サプライチェーン全体にまで広げています。いい換えれば、サステナビリティへの配慮に欠けた企業は、顧客のサプライチェーンから除外される可能性が出てくるということ。サプライヤー各社にもパートナーとしての責任が求められるのです。

こうした動きは今後も当然続くでしょう。日本においてもＥＳＧ投資はさらに浸透し、市場規模が拡大していくことが確実に見込まれます。サステナブルな企業としての姿勢を表明することは、すでにビジネス参加の最低条件になっています。なぜなら環境負荷の低減に何も手を打たない企業は、その時点でＥＳＧ投資家の投資先候補として挙がることすらできないからです。

企業として社会に何ができるのか。
社会と投資家に求められる企業であり続けるためには何をすべきか。
サステナビリティと公益性、経済成長のバランスをどう調整していくか。

あらゆる企業が真剣に取り組むべき局面に入っています。環境に配慮しているかのようなポーズをとるだけでは、すぐさま「グリーンウォッシング（うわべだけを装った環境訴求）」と見抜かれ、ダメージを受ける時代です。

ここまででＥＳＧの重要性をご理解いただけたでしょうか。第２章ではＥＳＧ時代のキーワードとなる社会課題と、それを解決しうる最先端テクノロジーを具体的に紹介していきます。

第2章

2030年の世界を救うテクノロジー

◆小さなエコ努力だけで環境問題は解決しない

エコバッグを持ち歩く。プラスチック製品は使わない。省エネを心がける。

日常生活で誰もが実践できる小さな努力の積み重ねは、社会全体の意識を底上げしていくためにはもちろん必要なことです。

けれども人類がこれまでと同じペースで大量にごみを出し、長い年月をかけてできた天然資源を好き放題に使い、炭素の排出を抑制することなく生産活動を続ける限り、気候変動のスピードは残念ながら止まりません。

排気ガスや工場の煙は温室効果ガスとなって世界中の気温を上昇させ、2070年までには地球の人口の約3分の1がサハラ砂漠並みに暑い環境で暮らすことになるだろうと研究者たちは警告しています。もはや、個人の消費行動や良識といった小さな努力の積み重ねだけでは、気候変動の危機は到底止められない段階にきているのです。

では、どこに希望の道筋を見出せばよいのでしょう?

その答えはテクノロジーにある、と私は確信しています。

環境問題、エネルギー資源をめぐる問題、食料・飢餓問題、教育格差や貧困、水や衛生面をめぐる健康・福祉・医療問題など、私たちが抱えるさまざまな社会課題を解決するには、新興技術、すなわち最先端テクノロジーの力が必要不可欠です。

２０２０年10月、日本政府は「２０５０年までにカーボンニュートラルを実現する」方針を発表しました。世界的な脱炭素の流れを受けて、いよいよ日本の国内産業でも本格的なＥＳＧ経営戦略に乗り出す企業が急増しています。

各国がＥＳＧ、ＳＤＧｓ時代に突入した今、社会課題の解決を目的とするビジネス、そしてテクノロジーが脚光を浴びています。

本章では、人類を救う鍵を握る最先端のテクノロジーのトピックスを、

①食料不足×フードテック
②教育格差×エドテック
③医療・介護×ヘルステック
④気候変動×クリーンテック
⑤大量廃棄×リサイクル

これら５つのカテゴリーを軸にして、網羅的に紹介していきます。

①食料不足×フードテック

世界の飢餓人口は約7億2000万～8億1000万人。10人に1人が飢餓、すなわち慢性的な栄養不足で苦しんでいます。一方で、2050年の世界人口は97億人に達する見込みです。

食料を増産する土地や水に限りがある中で、直近の飢餓問題、そして未来の食をどう賄《まかな》うべきなのか？　中間層の拡大によって予測されるタンパク質危機への手立ては？　こうした食料・水不足問題解決への光明となる最先端技術である「フードテック」や「アグリテック」を通して、食と水を取り巻く事情とそれを支える農業分野の可能性を探っていきましょう。

◆700兆円市場が見込まれるフードテック

まずは、誰にとっても身近である「食」の問題と、それを解決するためのテクノロジー、「フードテック（FoodTech）」について見ていきましょう。

フードテックとは、食（Ｆｏｏｄ）とテクノロジー（Technology）を組み合わせた造語のこと。食料の生産から流通・消費までを含む食品産業界のシステムは、ＳＤＧｓの17の目標のひとつである「飢餓をゼロに」はもちろん、環境やエネルギー問題とも密接に関わりがある重要な分野です。

フードテックの市場規模は２０２５年には７００兆円にものぼると予測されており、日本でも農林水産省が２０２０年に「フードテック官民協議会」を発足させるなど、成長産業として支援していくスタンスを明確に打ち出しています。

そんな新産業として期待されるフードテックの中でもひときわ注目を集めているのが、新しいタンパク源として登場した「代替肉」のジャンルです。

代替肉とはその名の通り、鶏・豚・牛などの動物の肉を一切使わずに肉の食感や風味を再現して作られた食品のこと。代替肉には大きく分けて2種類あり、植物由来の原材料を加工して作られるものと、家畜の細胞の一部を取り出して培養し、バイオテクノロジーによって肉の味や食感を再現するものとがあります。

なぜ本物の肉ではなく、わざわざ肉に似せた代替肉のニーズが高まっているのか。

その背景には、急激な人口増加と環境への配慮というサステナブル意識の高まりが関係しています。

国連の報告書によると、２０５０年には世界の人口は97億人に達すると予想されています。現在の人口は約78億人ですから、今後30年で20パーセント以上もの増加となる見込みです。それにともない中間層が増えることで、主なタンパク源である肉の消費も増え、現在の家畜の生産量では供給が追い付かないため、タンパク源が不足する「タンパク質危機」が起きると予測されています。

◆畜産業は動物にも地球にも優しくない

さらに、食肉ビジネスは「地球環境に優しくない」事実が近年の研究では示されています。牛の放牧のためには森林を伐採し、水を大量に消費する必要が生じます。飼料の生産・輸送・糞尿《ふんにょう》処理の過程でも二酸化炭素が排出されますし、牛のゲップやおならから毎年20億トン（二酸化炭素換算）のメタンが放出されることも問題視されています。

二酸化炭素とメタン、いずれも地球温暖化の原因とされる温室効果ガスであることは説明するまでもないでしょう。排出される温室効果ガスのおよそ4パーセントは、じつは「過剰な畜産」によるものなのです。もちろん、畜産動物の処分方法を疑問視する動物倫理の観点からも、代替肉へのシフトチェンジは歓迎されています。

このように動物倫理や健康面の理由だけではなく、環境に配慮したサステナブルの視点から、ヴィーガンやベジタリアンになる選択をする人々が欧米諸国を中心に増加しています。海外で人気の高い日本食、たとえばラーメンを提供する一風堂《いっぷうどう》ではそういった顧客に合わせて、豚骨スープを植物性由来の原料で代替するヴィーガンラーメンを2021年2月に数量限定で提供しました。来店客の反応もよかったとのことで、今後の展開が待たれます。

◆代替肉バーガーが全米で大ヒット

そんな代替肉マーケットのニーズをいち早く掴んだのが、アメリカのベンチャー企業「ビヨンド・ミート」と「インポッシブル・フーズ」です。

アメリカで代替肉がヒットしたきっかけは、国民食ともいえるハンバーガーでした。ビヨンド・ミートはエンドウ豆などの植物由来のタンパク質をもとにしたパティで「ザ・ビヨンド・バーガー」を開発しました。大手食料品スーパーチェーンのホールフーズ・マーケットで販売したところ一躍ヒット商品となり、２０１９年には代替肉メーカーとして世界初のナスダック上場を成し遂げています。

一方、著名な生化学者であるスタンフォード大学名誉教授のパトリック・ブラウン氏が創業したインポッシブル・フーズは、大豆やイモ類を原材料として、大豆由来のタンパク質を特許技術で加工した「ヘム」で肉の味や食感を再現。全米のバーガーキングで「インポッシブル・ワッパーバーガー」発売を皮切りに、アジア方面にも進出を果たしています。環境への問題意識が高いカリフォルニアやニューヨークのレストランでは、「ベジタリアンフード／非ベジタリアンフード」という表示が当たり前のようにメニューに掲載されています。

実際に、私も会食で入ったカリフォルニアのおしゃれなレストランで何気なくメニューを眺めていると、本物のバーガーのメニューの近くに「ヴィーガン、ベジタリアン向け」の印がついた「不可能な」（インポッシブル）という名前のバーガーが目につきました。しかも本物のバーガーより価格が安かったため、代替肉バーガーを食べてみたのです。

率直な感想としては、「格別においしいとまではいかないが、そこまで違和感もない」といったところ。ただ、ビヨンド・ミートもインポッシブル・フーズも、バージョン1、バージョン2と日々改良を重ねているため、味も食感も確実にレベルアップして「本物の肉」に近づいてきています。

また、インポッシブル・フーズは、植物由来の原材料を使った「魚肉」の製造にも乗り出しています。水産業界で長年問題となってきた乱獲による生態系の破壊を考えれば、これも自然な流れでしょう。

アメリカのスタートアップ以外にも、カナダのガーデイン、デンマークのナチューリ、オランダのモサミートやミータブル、イスラエルのスーパーミート、香港のオムニポークなど、世界各国でフードテック企業がひしめきあっています。

この先は市場のさらなる拡大にともない、製造コストも下がっていくはず。今はまだ目新しさに注目が集まっている部分もありますが、いずれは代替肉が当たり前の選択肢のひとつとして定着していく流れができつつあります。

◆日本発「ネクストミーツ」も10カ国で展開中

翻《ひるがえ》って日本の代替肉市場に目を向けると、残念ながら全体としては大きく出遅れています。国別の資金調達ランキングでは日本は13位。欧米の主要国はもちろん、インド、コロンビア、インドネシアよりも下位にあります。投資規模が海外に比べると小さいことも関係していますが、畜産が環境に高い負荷をかけているという事実が、社会全体でまださほど認識されていないことも影響しているのでしょう。

しかし、このジャンルでユニコーン企業として期待されている日本企業もあります。

2021年6月、東京に拠点を置く代替肉スタートアップのネクストミーツ社が、大手製薬会社などから約10億円の資金調達を完了して話題になりました。同社は世界初の焼肉用代替肉「NEXT焼肉」シリーズや、100パーセント植物性の「NEXT牛丼」、「NEXTチキン」などをこれまでに開発しています。

ESG投資の対象となるVeg Tech関連企業のグローバルインデックスリストにも、ビヨンド・ミート、テスラに続き、日本の代替肉ブランドとして唯一選出されています。すでに日本だけでなく、台湾、ベトナムなど10カ国以上にスタッフが常駐し、生産体制を固めています。新潟県長岡《ながおか》市にある研究室「NEXT Lab」では、植物性タンパク質はもちろん、微細藻類《びさいそうるい》など、幅広い代替タンパクの研究開発に着手しているそうです。世界的プラットフォーマーを目指せる可能性を秘めた、希少な日本発スタートアップです。

ネクストミーツは代替肉の次なる展開として、「NEXT EGG 1.0」と名付けた動物性原料不使用の植物性「代替卵」の商品化にも成功しています。２０２１年7月には世界に先駆けて日本で先行販売することを発表しました。

ちなみに、直前の6月にはキユーピーも大豆を原料とした代替卵（スクランブルエッグ風商品）の販売をスタートさせています。当面は「NEXT EGG 1.0」と同様に業務用としてホテルや飲食店への販売に限定されるそうですが、いずれは一般消費者向けにも展開していくはずです。植物由来の代替卵の需要は今後も着実に高まっていくでしょう。

◆栄養価が高くエコな昆虫食の可能性

動物性タンパク資源に代わる新たな選択肢としては、昆虫食にも注目が集まっています。

昆虫食の最大のメリットは、牛・豚・鶏などの家畜と比べると生育に必要な水や飼料、農地が圧倒的に少なく済むこと。昆虫は成長スピードが早く、省スペースで飼育できるため、投入するリソースが少なく済むと同時に、環境への負荷も小さく済みます。タンパク質やカルシウムが豊富なため、食料として栄養価が高いのも特長。天然の個体数が多いため、持続的な食料の安定供給を目指す立場から、国連食糧農業機関（ＦＡＯ）も昆虫食を推奨《すいしょう》しています。

海外ではコオロギやミールワーム（ゴミムシダマシ科の幼虫）など、昆虫ベースの食品開発に取り組むスタートアップ企業がすでに続々と登場しています。日本でも２０２０年に無印良品が販売をはじめたコオロギの粉末入の「コオロギせんべい」が話題を呼び、現在では定番商品になりました。

今後、昆虫食が広がるかどうかは、「虫を食べる」という行為にともなう抵抗感をどう払拭《ふっしょく》していくかにかかっているでしょう。そのハードルを超えるポジティブな驚きをもたらす商品が登場すれば、大ヒットする可能性は十分にあります。原生動物のミドリムシを栄養豊富な食材として商品化に成功させたユーグレナ社のように、いったん認知が広がりさえすれば世間の抵抗感も少しずつ薄れていくでしょう。

また、食材としてではなく、昆虫の力をテクノロジーと融合させて事業化を試みる日本のスタートアップ企業もあります。2016年創業の「MUSCA（ムスカ）」は、私たちの身近にいるハエの一種、イエバエが廃棄物を分解する力を使って、短期間で有機肥料や栄養価の高い飼料に生まれ変わらせるバイオマス・リサイクルシステムで注目を集める企業です。つまり、生産プロセスそのものが環境に配慮した形になっているということ。昆虫食の普及や昆虫テクノロジー事業の進歩は、よりサステナブルな産業基盤の確立にもつながっているのです。

◆アグリテックで飢餓問題の解決を目指す

食品産業におけるESG課題を捉えると、関連して浮かび上がるのが農業分野です。農業（Agriculture）とテクノロジー（Technology）をかけ合わせた「アグリテック（AgriTech）」によって、従来の農業のあり方を見直す動きも高まっています。

食料不足に苦しむ国の多くは、自然災害や土地の条件などによって、農作物を育てるのに適さない土地であるケースが多く見られます。

では、農地に向かない土地で、食料の安定確保を得るためにどうすればいいのでしょうか。その答えのひとつが「植物工場」です。

最先端の事例を紹介しましょう。日本人ＣＥＯがニューヨークで経営する植物工場スタートアップ「Oishii Farm（オイシイファーム）」は、自社開発した最先端の自動気象管理システムによって光の波長や気温、湿度などを人工的に制御して野菜や果物を安定量産化することに成功しました。

土地の気候条件や外部資源に左右されることなく通年で栽培でき、エコ化と無農薬栽培を実現した〝箱型植物工場〟は、農業界にパラダイムシフトをもたらすことが期待されています。

サステナブルの観点からも植物工場は非常に優位です。最大の特長は水をリサイクルできること。オイシイファームでは水をリサイクルして活用することで、従来の農法よりも使う水を9割以上も削減できています。日本で使う年間の水使用量のうち、農業用水が3分の2を占めていることを考えれば、植物工場の発展は農業の形そのものを大きく変えていく可能性があるでしょう。

オイシイファームは２０２１年、65億円という大型の資金調達の実施を発表しました。世界最大の植物工場に向かって着実に歩みを進めています。

同社のような植物工場のモデルは現段階ではまだ一般に普及するまでに至っていませんが、自動生産できる一式セットが民間に普及するのも、時間の問題ではないでしょうか。飢餓問題の背景には国家間の紛争など複雑な事情も絡《から》み合っていますが、その根本にある〝食物へのアクセスの困難さ〟の一点をクリアできる意味では希望が持てます。

◆農業は化学、テクノロジーとは相性抜群

どんな土壌に、どれだけ水分を与え、どれくらいの頻度《ひんど》で邪魔なものを排除して適切に育てればいいのか。その合理性を追求する農業は、すなわち化学です。当然、テクノロジーとも相性は抜群です。AIやロボットを活用した次世代型農業はアグリテック、スマートアグリカルチャーなどと呼ばれ、すでに海外のさまざまな国で導入されています。

たとえば、これまでの農業では「ここの葉の色が悪いからむしっておこう」といった農作物の育成における判断は、人が目で見て判断し、経験値や知識に基づいて適宜行なうものでした。

ところが今はカメラセンサーを搭載したロボットが育成状態を確認し、画像解析に基づいてその部分の葉を切り落とす、という作業の段階までがすでに実用化されています。

集めたビッグデータの解析はＡＩの得意とするところですから、近年はＡＩとロボット技術の組み合わせによって一気に農業分野での自動化が進みました。ボタンを押せば農業ロボットが何百平方メートルもの畑を自動で耕《たがや》してくれる未来は、遠からず実現するでしょう。自動飛行ドローンが農薬散布を担っているケースはすでにありますが、ドローンにカメラセンサーを搭載すれば上空からの画像解析も可能になります。

現在、ＥＶ（電気自動車）メーカーであるテスラのＣＥＯであると同時に、宇宙開発のベンチャーのスペースＸ社ＣＥＯでもあるイーロン・マスク氏が手掛ける衛星インターネット網「StarLink」の商用サービスが広まりつつあります。それによってこれまで電波が届かなかった僻地《へきち》まで農業の自動化が可能になりつつあります。水やりや巡回、収穫、運搬にいたるまですべて人間の代わりにロボットが行なってくれるようになるでしょう。

高齢化が進み、後継者不足が嘆《なげ》かれる農業の世界においては、少ない人員でも農作物を育てられるアグリテックの登場は大いにメリットをもたらしてくれます。

◆アグリテックの中核を担う技術は？

アグリテックを担う技術にもう少しクローズアップしてみましょう。

まず重要性が高まっているのは、先ほどの例でも紹介した画像解析、つまりイメージセンサー技術です。画像から状態を分析するわけですから、精度は高いほどいい。日本でも大手各社が開発競争を繰り広げていますが、その分野に今もっとも力を入れているのはソニーです。

ソニーの強みは、画像を受ける側にあるCMOS（シーモス）センサーが非常に優れている点です。同社のミラーレス一眼カメラでも使われているこのセンサーは、光を感知して処理する能力が高い。2021年3月に一般公開されたソニーの電気自動車「VISION-S（ヴィジョンS）」にも、人や物体を検知・認識するためのCMOSイメージセンサーが搭載されています。自動運転における安全を確保するためにも、イメージセンサーは必要不可欠な技術です。

ただし、今後センサー以上に重要視されるのは、集めた画像をどう解析するかというソフトウェアの能力です。画像の粒度がいくら高まろうとも、最適な判断を下すのはソフトウェアの役割です。農作物の収穫を例にすると、どの画像のどういった状態であれば摘果《てきか》のベストなタイミングなのか。色の濃淡や形、状態を総合的に検知・ジャッジするのがソフトウェアの役割であり、開発競争が激化しているジャンルでもあります。

この分野に関しては、後発組の競争優位性が残念ながら低い。なぜなら、たとえば、アマゾンのＡＷＳ（Amazon Web Services）やグーグルのディープラーニング（深層学習）向けフレーム「TensorFlow（テンソルフロー）」などを実装すれば、ほぼ終わってしまう話だからです。ＡＩベンチャーやＡＩコンサルといったところには、こういったシステムを単に裏で使っているだけのこともあります。勝負をかけるとするならば、画像・動画とは別となる切り口、たとえば「匂い」から探知するセンサーの開発などになるのではないでしょうか。

料理の職人技にも通じるのですが、優れた料理人は自身が感じている匂いや感触を判断材料として料理を作ります。そういった感触や技術をデータベース化して蓄積できれば、料理の世界にもイノベーションが起きるでしょう。

職人と呼ばれる人が存在するジャンルほど、テクノロジーとかけ離れていることが多いのが現状です。今後は両者の中間に立ち、魅力的なストーリーでもって職人側を説得できる立場の人が登場すれば、業界の構造は大きく変わるかもしれません。

これまでは開発途上国に農業技術を伝える際には、ＪＩＣＡやＮＧＯが人材を派遣して無償援助という形で行なっていましたが、これもいずれはソフトウェアを無償提供するような形に変わっていくでしょう。

今、世界ではフードテック、アグリテック企業の上場ラッシュが続いています。食料不足問題を解決するイノベーションへの期待を込めて、ESG投資への需要はますます高まっているのです。

最先端テクノロジーの導入には資金が必要ですから、多くの場合、富裕層を対象とした高級路線のプロダクトが出発点になります。かつて携帯電話がそうだったように、まず高級路線から入って、次第に大衆へと広がっていく流れが定石《じょうせき》です。EVも今まさにその過程をたどっている最中といえるでしょう。植物工場やロボット技術も、まずはいったん中間層に広まったのち、そこから飢餓問題の解決ツールとして活用される流れへとつながっていくはずです。

◆今後50年で水の需要は急増する

「水をめぐる問題で不安が高まっている」と聞いても、海に囲まれた日本で暮らしているとピンとこないかもしれません。けれども水不足に悩む国や地域は多く、世界の10人に3人が安全な水を手に入れられていません。上下水道の整備は食料事情や衛生面にも密接に関わっているため、途上国においては水資源の確保は最重要課題のひとつでもあります。今後は人口増によって農業・工業用水の需要も急速に高まっていきます。

この分野において注目を集めているのは、日本のスタートアップ企業「WOTA（ウォータ）」です。

同社は水処理の際にAIセンサーで水質をチェックする仕組みを作り出し、世界初のポータブル水再生処理プラントやポータブル手洗いスタンドなどのプロダクトを開発しました。限られた水量を循環させることで、途上国や災害時など、どんな場所でも持続可能な水インフラの事業を展開しています。

WOTAは2021年5月、ソフトバンクと資本・業務提携することを発表しました。水道インフラに頼らない分散型水供給システムの普及を今後ますます加速させていくことが予測されます。

一方で、水問題に関連するテクノロジー全体を見渡してみると、ドラスティックな変化を引き起こすほどの劇的なテクノロジーはいまだ登場していません。理由のひとつは、資本主義の文脈にのりづらいためです。1リットル100万円もするような高級品の水は存在しません。つまり、富裕層向けの高級路線が取れないため、事業化しづらいという背景があります。

人類は水資源のほとんどを雨水に頼っていますが、気候変動による異常気象で水不足も懸念される現状を見ると、それだけではやはり心もとない。河川にたまった雨水以外、海水や工業排水などをどう浄化するか、という課題にも各社はテクノロジーを投入していま す。

海水を真水に変える方法はすでに確立されていますが、コストがかかる上にエネルギー効率も悪いため、持続可能性が低いのが難点です。今後、水の効率的な使用をより最適化するシステムの登場が待たれます。

②教育格差×エドテック

質の高い教育を受けることは、貧困から抜け出すためにも最も有効な手段のひとつです。他方で、「学び」は子どもだけのものではありません。新しい知識と知恵を常にアップデートしていくことは、めまぐるしく変化する時代を生きる大人にこそ必要なものでもあります。

コロナ禍でオンライン教育サービスの需要は急拡大しました。ITテクノロジーを駆使した新しいサービスやプロダクトは、今後の教育領域にどのようなイノベーションをもたらすのか？　そして所得格差による教育機会の不平等を解決するために、テクノロジーはどのように貢献できるのか？　教育や情報の格差を解消し、教育を弱者の武器に変える「エドテック」の動向を解説していきます。

◆コロナ禍が押し広げたエドテックの可能性

教育（Education）とテクノロジー（Technology）を組み合わせた「エドテック（EdTech）」が、近年大きな盛り上がりを見せています。

新型コロナウイルスの世界的流行が追い風となって、自宅にいながら誰でも無料利用できる「Khan Academy（カーンアカデミー）」や「Coursera（コーセラ）」、「スタディサプリ」などのオンライン学習支援サービスの利用層が日本でも拡大しています。インターネットにアクセスができて、さらに英語が理解できれば学びの選択肢は一気に広がることが証明されました。

多種多様なデジタル教材が登場していますが、日本においてその代表格ともいえるのが「atama＋（アタマプラス）」。タブレットを使って出題された問題に答えると、回答までにかかる時間や正誤からAIが理解度を解析、その人専用に最適化されたパーソナライズ教材になるのが特徴です。

今後の教育界を大きく変えていくのは、まさにこの双方向性のマッチングです。これまで学校教育で「いい先生」に出会えるかどうかは、運と相性がほぼすべてでした。今後は

「あなたと似ている人は、この先生から学んだほうが分かりやすいといっているため、こちらの講座をおすすめします」といった学ぶ側と教える側、双方の個性を活かしつつマッチングさせてくれる学習コンテンツの普及を早急に進めていくべきでしょう。また、テストは作成、実施するだけでなく、採点にも時間がかかるものですが、人工知能の文字認識などでそこも自動的にできる範囲が広がったことも追い風です。

機械学習アルゴリズムによってユーザーが好むジャンルをおすすめしてくるネットフリックスのレコメンド機能と同じことが、教育の世界でも当たり前になっていくはずです。AIによる読み取り機能がさらに進化すれば、「この動画のこの場面で笑顔になった」「この説明に頷《うなず》いている」という受け手側のリアクションもフィードバックできるようになるでしょう。

◆日本の大人はなぜ自律的に学べないのか

テクノロジーの話題からはやや脇道に逸《そ》れますが、教育の機会や学び方の形が変わっていくことは、大人にとっても無関係ではありません。むしろ、社会に出た途端に独学するしかない大人こそ、最先端のテクノロジーを使った学びに触れるべきだと私は考えています。

今の時代のビジネスパーソンに求められるのは、未知のものに触れ、自分に最適な方法を探し出して、能動的に探求していく姿勢です。ところが、日本は大企業に勤めている人ほど「学びの機会は会社からもらえるもの」という受け身な姿勢が目につきます。日本企業がＡＩ分野のグローバル競争でも周回遅れの状況にあるのは、データサイエンスと最先端の技術によってビジネスモデルが変革されつつある、というイメージができていないトップ層が多いことが要因のひとつでしょう。

さらにいうと、今の日本人に圧倒的に欠けているのは、前提を疑い、課題を発見して仮説を立てるスキルです。新しいアイデアを思いついても、「こんなことをしたら変わっていると思われるかも」「これで本当に成果が出るのかな」「コスパが悪すぎる（10年単位ではなく、2年ほどでの成果と近視眼的にしかパフォーマンスを考えていない）」と諦めてしまう人が多すぎるのです。これも「正解を教える」「100点を目指す」ことを偏重《へんちょう》し、大学入試をヒエラルキーとして構築されている日本の教育のあり方が原因です。

逆に、アメリカはそういったトライ・アンド・エラー（試行錯誤）を非常に得意としています。日本が確実な〝正解〟を探しているあいだに、アメリカが試行錯誤を繰り返していち早くプラットフォームを取りに行ってしまった、というケースはあらゆる分野で見る事象です。

日本の高校3年生は、海外の同世代と比較しても勉強熱心だといわれていますが、ほとんどの人は大学受験が終わった直後から勉強へのモチベーションが失われてしまいます。それは分かりやすいインセンティブが見えなくなるせいでしょう。高3時の学びの勢いを期間限定で終わらせるのではなく、ずっと継続していくことができれば、日本の社会も良い方向へと必ず変わっていくはずです。

◆電子化のその先の「本」はどうなる？

学びや知的好奇心の入口として、既存の「本」の形も大きく変化していきます。日本でも電子書籍が一般的になりましたが、海外はさらに進化しています。

ここでも鍵となるのは「双方向性」です。たとえば、Kindle（キンドル）にはポピュラー・ハイライトという機能があります。これは自分が気に入った文章をハイライトすると、他にも「100人がハイライト」と他の人が何人同じ箇所をハイライトしたかが分かる機能なのですが、この機能を起点にAIが嗜好《しこう》を解析し、レコメンデーションすることもいずれ可能になるでしょう。

全米の91パーセントの小学校が利用している子ども向け電子書籍ライブラリー「Epic（エピック）」では、音声で内容を語るオーディオブックも充実しています。ここでもキンドルのポピュラー・ハイライト機能と同じように、オーディオブックを聞いた子どもたちの声や表情をＡＩが解析して、「この読者はユニコーンが登場するシーンを好むようだから、このテーマの絵本をどうぞ」というレコメンデーションができるようになるかもしれません。

本を選ぶ際にもっとも大切なのは、膨大にある古今東西の本の中から、自分に適した一冊をどう見つけるかです。書店に並ぶ本は、新刊、売れ筋、もしくは書店員の好みや独断によるものです。けれども当然ですが、その書店員の選書が合わない人もいるでしょう。むしろ合う人のほうが少ないはず。教師と生徒の理想的なマッチングが確率的に困難であるように、ここでもミスマッチが生じるのは避けられません。レコメンデーション機能はミスマッチを減らす有効な手段なのです。

今後は、気になる箇所に出会ったら「このテーマに関してはこちらの本が詳しいです」と紹介してくれたり、自分の思い通りにストーリーを展開できたりする「本」も現れるはずです。そのコンテンツにどうリアクションしているかだけではなく、読み手の属性や年齢、ライフステージ情報をもとにしたレコメンデーション機能も拡張していくでしょう。

たとえば、読み手が大阪出身であれば文体をすべて大阪弁に変えてみたり、子どもにも分かりやすいように単語や表現レベルを易《やさ》しく変換することができるようになる可能性もあります。最終的には、著者と直接チャットで感想を話せるような機能も登場するかもしれません。

AR技術を活用してキャラクターが3Dコンテンツで表れる「動く絵本」はすでにありますが、今後は教育書のジャンルでも積極的にAR技術は活用されていくでしょう。実際、マイクロソフトのARゴーグルであるホロレンズ（ワイヤレスで頭に装着するタイプのホログラフィック・コンピューティング）は、医学教育向けに、皮膚から臓器まで透明度を変えて見られる人体の3Dモデルをすでに披露しています。

かつて、紙で読むしかなかった本は、今やスマホさえあればどこでも読めるようになり、耳でも聴けるようになりました。従来のようなテキストと絵だけの形ではなく、映像やAR技術、音声が加わり、かつ双方向性を備えたグラデーションのあるコンテンツへ。「本」の概念が大きく変わることは、学びの形の多様性や教育機会の創出にもつながるはずです。

◆テクノロジーは弱者の武器になる

「学び」の機会がソフトウェア化していくことによって、教育格差や社会の分断が進むのではという心配の声もあります。もちろんその懸念はありますが、途上国の人々もスマートフォンを持てるようになった時代においては、総じてメリットのほうが大きいと私は感じています。

学びの入口がソフトウェア化することは、地域格差の解消につながります。地方に住んでいても、スマホさえあれば都市部と同じ教材で学べるようになる。途上国の教育機会創出においても同様のことがいえるでしょう。物体としての教材や本を手配・運搬・配布することを考えたら、明らかにコストは減少するはずです。

テクノロジーは弱い立場にある人にとって、強力な武器にもなります。ブラック・ライブズ・マター運動やアジアン・ヘイトの問題も、現場をスマホで動画撮影し、アップロードした人がいて、それがSNSによって拡散されたことで世界中に広がりました。テクノロジーがなければ、ここまで大きなムーブメントにはならなかったでしょう。見過ごされがちな問題を可視化する力、マイノリティ同士を結びつけ、コミュニケーションを拡張する力がテクノロジーにはあるのです。

反面、ドナルド・トランプ前大統領のSNSでの振る舞いを見ても分かるように、テクノロジーは差別的な発言を増長させてしまう〝諸刃《もろは》の剣《つるぎ》〟でもあります。

たとえば、爆弾を持つ人を自動で認識・攻撃する機能を小型ドローンに搭載すれば、恐ろしい殺戮兵器になるでしょう。一方で、中国では〝顔パス〟（とくに無料になる高齢者を対象として）で公共交通機関にスムーズに乗車・決済できるフェイスID改札がすでに始まっています。つまり、同じようなテクノロジーをどう使うかは、使う側にかかっているのです。

銃それ自体が人を殺すわけではないように、テクノロジーもそれ自体は悪ではありません。使う側である私たちが、テクノロジーが孕《はら》む危うさに十分に配慮した上で、格差や差別をなくすためにテクノロジーをどう活用できるのかを真剣に考えていくべきでしょう。

◆真実の相対価値が下がってしまった

私が学んだハーバード大学の校訓は「Veritas（真理）の追究」です。授業でも繰り返し教え込まれましたが、自分が現場の当事者でない限り、物事は何かしら歪《ゆが》んで伝わってくるため、真実にたどりつくためには相当注意深く情報を処理する必要があります。

ＰＶを指標とする無料のネットニュースが溢《あふ》れる現代では、残念ながら真実の相対的価値は下がっています。紙媒体がメディアの主流であった時代には、印刷や輸送コストが良い意味での枷《かせ》となっていたため、情報の質に十分に注意が払われると同時に、ジャーナリズムという作法がまだ健在でもありました。

しかし、ネット専用のメディアにはそれがありません。その結果、有料会員や広告収入を増やすことに終始し、広告と銘打たずに特定の人物や組織、製品を称賛するステルスマーケティングが流行し、質の悪いニュースや意図的に嘘を盛り込むフェイクニュースが激増しました。こんな時代だからこそ、流れてくるニュースだけを漫然と見るのではなく、「自分で正しい情報を探しにいく」姿勢がますます重要になってきていると思います。

◆ジェンダー格差の根源も教育問題

世界経済フォーラム（ＷＥＦ）は、世界がジェンダー・ギャップを解消するまで約１３

5年かかるという予測を打ち出しています。しかも状況はよくなるばかりか、新型コロナウイルス感染症による影響や今後の注目産業であるデータ、AIに関連する職場に女性がいないことが原因で悪化しているという見通しになっています。

近年では、Ｚｏｏｍなどの登場でリモートワークという選択肢が普及し、家庭に入るしかなかった女性の働き方にも多様性が生まれました。私の友人にも東京で働きながらカリフォルニアの妻子とＺｏｏｍで連絡を取り、それぞれのキャリアを尊重しながら生活をしている人がいます。

一方、会議に出たら男性ばかりだった、ダイバーシティ（多様性）のイベントに行くとゲストスピーカーがすべて男性だったというような類《たぐい》の話は、日本だけでなく海外でもまだまだあります。表面上の女性登用の最たる例として女性アナウンサーを社外取締役に据《す》えるといった動きもありますが、私は本末顚倒《ほんまつてんとう》だと思います。〝プロ社外取締役〟のような形になってしまうことで、周囲からの反発を生む可能性があるからです。

私は、そうしたやり方で表面を取り繕《つくろ》うのではなく、大学入学時の男女比を均等にしていくことこそ大事だと思います。日本の大学生全体の男女比こそおよそ50対50ですが、東大に「2割の壁」という言葉があるように難関校になるほど学生の男女比に格差があります。対策として、海外ではアファーマティブ・アクション（積極的な格差是正措置）で調整している大学もあります。

ジェンダー格差をなくしていくうえで、女性役員を増やす措置は意思表示としては良いかもしれませんが、ホットな分野への女性の教育アクセスこそが重要になるでしょう。

③医療・介護×ヘルステック

日本は2025年には約800万人いる団塊の世代が後期高齢者（75歳以上）となり、国民の4人に1人が後期高齢者となる「超高齢化社会」に世界最速で突入します。

迫りくる2025年問題に備えて、医療や介護の現場では病気の予防や健康管理のためにどのようなテクノロジーが活用されているのでしょうか。医療機器やデバイスがインターネットに接続され、データが集積されるようになったことで、医療や介護の世界にはどのような変化が起きているのでしょうか。

次世代のヘルスケア事業を推進する「健康（Health）」×「テクノロジー（Technology）」によるヘルステック（HealthTech）の価値を探っていきましょう。

◆ヘルステックの進化で健診レベルのデータが毎日取れる

健康に関する問題もまた、テクノロジーによって解決できることが飛躍的に増えた分野です。

これまで健康を維持するために必要な作業は、定期健診、適度な運動、栄養バランスのよい食生活を心がけるなど、ごくごく基本的なことばかりでした。そこへスマートウオッチなどのウェアラブル端末が登場したことで、歩数や心拍、運動・睡眠のデータが日常的に取れるようになりました。今後は年に1回の定期健診でしか分からなかったような各種の数値やデータが、もっと日常的に分かるようになるでしょう。

この流れは一足先に自動車の損保業界にも到来しています。自動車の故障修理に活用されるOBD2というシステムは、ネットと接続すると車両の走行距離や運転行動などのデータが、日常的に取得できるようになっています。保険会社はそうした情報を統合して得たデータからリスクを分析し、保険料率を運転者ごとに算定できるのです。日常的に運転する人であれば、このシステムを利用した自動車保険が増加していることをすでにご存じかもしれません。人間の健康にも、同じ変革の波が押し寄せてきている、と表現すると想像しやすいかもしれません。

アップルのウェアラブルデバイス「Apple Watch（アップルウォッチ）」は、健康状態を測るヘルスケア機能を年々強化しています。最新版では血液中の酸素濃度を測るセンサーを搭載。酸素濃度は呼吸器と心臓が正常に機能しているかの目安であり、新型コロナウイルス患者の容態を診《み》る際にも使われている指標です。これらの機能を使って体調を常時モニタリングできるようになれば、「現在、血圧が上昇しています。ゆっくり立ち上がるようにしましょう」など、体調の変化に応じたアドバイスもできるようになるはずです。

睡眠の質を上げるためのテクノロジーも進化しています。脳波を読み取って適切な就寝時間を推奨したり、睡眠導入に適した音楽を流したりするヘッドセットはすでに海外では商品化されています。

便や尿を分析するシステムを備えた「スマート・トイレ」も実用化が近いといわれています。小型カメラとモーションセンサーなどがついたこのトイレは、排泄物《はいせつぶつ》の色や形状、硬さから、健康状態や疾患の兆候の有無までもが分かるようになります。

同じく排泄というアプローチでいうと、ＤＦｒｅｅ（ディー・フリー）という排泄予測デバイスはすでに実用化されています。これは超音波によってリアルタイムで膀胱《ぼうこう》の膨《ふく》らみを計測できるもので、介護現場ではすでに導入されています。

◆医師がデバイスに置き換わっていく

医療者側がこれらのデータをクラウドに蓄積し、解析していけば、さらに診断精度は高まるはずです。医療機関での診断時に、医師は患者が話す内容だけでなく、顔色や声のトーンも総合的に見ています。未来では、この医師の役割もデバイスに置き換えられるでしょう。画像や音声から分かる顔色や声のトーン、生体データの解析などから、その人の体調や疾患《しっかん》もより正確に予測できるようになります。眼球の動きをトラッキングできる眼鏡型端末が登場すれば、脳の機能の働きやアルツハイマー症候群の兆候なども摑めるようになるはずです。

アップルは Apple Watch だけでなく、iPhone においてもヘルスケアへの取り組みを大幅に強化しています。２０２１年６月のアップデートでは、普段からポケットに入れるなどして持ち歩くだけで、歩行データを活用して転倒リスクを予測したり、特定の種類の健康情報を医師と共有することを選べる機能などが用意されました。

その先に見据えているのは、保険分野への進出でしょう。保険会社が新規加入者の健康状態を正確に把握するのは困難です。けれども、その人がいつどのような運動をし、なにを食べ、どれくらい睡眠をとっているのかといった継続的な健康データがあれば、将来の健康状態も予測しやすくなります。普段からApple Watchをつけて健康に気を使っている加入者には保険料を安くするような仕組みができれば、加入者には健康になろうとする動機が生まれ、保険会社としても保険金を支払う確率が低くなります。

◆アマゾンは声からメンタルヘルスを推測

ヘルスケア分野を強化しているのはアップルだけではありません。グーグルは2021年1月にウェアラブルデバイスを手掛ける米企業「フィットビット」の買収を完了したと発表。アマゾンも2020年にフィットネスバンド「Amazon Halo（ヘイロー）」を発表しました。

ヘイローの特徴は、心拍数や運動・睡眠時間の情報記録に加えて、アプリを通じて写真からの体脂肪率の推定や、声の調子を解析してメンタルヘルスの状態を測定できる「Tone（トーン）」機能です。

たとえば、友人との会話で発するときの声の様子から、ユーザーが元気かどうかを判断しています。機械学習による音声処理技術によって、声の調子やテンポ、リズムなどを分析しているため、長期的に使うほどデータが蓄積され、精度も高まります。

このトーン機能が強化されれば、言葉に詰まったり、呂律《ろれつ》が回らなかったりといったことを認識し、脳卒中のリスクを察知できるようになる可能性も秘めています。さらに、後述しますがアマゾンは米国で「アマゾンケア」というヘルスケアサービスを始めており、遠隔診療から、処方薬の配送まですでに手掛けてきています。

◆勝ち筋は膨大なデータの活用法

医療の世界においても、人間の能力を拡張する技術がどんどん現れてきています。

たとえば、レントゲン画像からがんの影を見つけ出す作業は、複数の医師が目視で判断するよりも、人工知能が画像解析を行なったほうが明らかに検出率は高い。多くの患者のデータを集めるほどに検出率は上昇し、どのような属性の人でがんの影が見つかりにくいかといった、統計的に新たな事実も浮かび上がってくるはずです。

今後は医師の判断だけに頼るのではなく、画像解析に基づいて候補に挙がった症例や他院の診断などを統合的に判断する場面が医療現場では増えていきます。誤診や医師の能力に左右される部分が減るという意味では、患者にとってもメリットが大きいことは間違いありません。

マイクロソフトはすでに医療機器分野に目をつけて動き出しています。

２０１９年に行なわれた同社のイベントでは、医師がホロレンズを使って自動診断デモを行なっていました。また、２０２１年には約2兆円という同社での過去2番目の金額でボストン近郊のニュアンス・コミュニケーションズという音声認識技術を得意とする企業を買収しています。医療現場でのカルテの作成など、自動化とそのデータの活用を視野に入れていることがうかがえます。

医療現場ではデータを活用するインフラや人材が整っていないため、外部のサービスを導入する機会が比較的大きいのです。そして、各病院のデータインフラとなれば、ネットワーク効果で競争優位性を高めることができます。健康・保険・医療業界のビジネスモデルは、消費者向け、法人向けともに膨大なユーザーとデータをいかに活用するかが勝ち筋になります。

また、健康の問題を突き詰めていくと、究極的には遺伝子とそれにより発現されるタンパク質に向き合うことになります。遺伝子工学が急成長している背景には、ＤＮＡシークエンサーという遺伝子の解析をする手段のコストが劇的に下がってきたことに加えて、「CRISPR-Cas9（クリスパー・キャスナイン）」と呼ばれるゲノム編集の技術が登場したことが大きいでしょう。2020年のノーベル化学賞を受賞した技術ですが、これは意図的にゲノムの狙った部分を切り取ることができる画期的な技術です。もちろん、受精卵を操作していいのかといった生命倫理を踏まえての議論が今後は必要になってきますが、遺伝性疾患の治療への応用などポジティブな面も大いに期待されています。

また、2021年7月には、タンパク質の立体構造（機能を知るために必須）をグーグルの関連会社であるディープマインド社が公開しました。驚異的なスピードで更新されており、病気の原因や創薬の手法でさらなる改良が予想されます。

④気候変動×クリーンテック

持続可能な未来を実現するためには、環境問題への取り組みは避けて通れません。気候変動によって加速度的に温暖化が進み、ゴミ問題は地上においても海洋においても深刻化しています。それらを軽減し、解決に向かうために誕生したのが、「クリーン（Clean）」×「テクノロジー（Technology）」を組み合わせた「クリーンテック（CleanTech）」です。

再生可能エネルギーの新たなビジネスモデルや、日本を取り巻く水素エネルギーの現状と問題点、脱プラスチック問題など、脱炭素社会の実現に向けてクリーンテックや試みを紹介していきます。

◆テスラはなぜ屋根を売り始めたのか

クリーンな再生可能エネルギーの取り組みに関していえば、テスラのソーラー事業がよいケーススタディになるでしょう。EVメーカーとしてのテスラの革新性については3章でも詳しく解説しますが、ここではエネルギーカンパニーとしての戦略に注目します。

カリフォルニアでは今、テスラが開発した一般家庭向けソーラーシステムがヒットしています。これはソーラールーフというパネルを屋根に取り付けることで、屋根そのものにソーラー発電機能を持たせ、そこで作られた電力をバッテリーに蓄積する家庭用システムです。

このシステムの特徴的なところは、iPhoneのアプリでエネルギーの流れを視覚的に管理できる点です。太陽光というクリーンな電力を家庭内で貯《た》め、夜間はもちろん、災害などの非常時でも使うことができます。電気代が高い昼間は蓄電池で、安い夜間は通常の電気でということも予測ソフトウェアで自動的に設定できるため、電気代の節約にもなります。

また、購入前に自宅の郵便番号を入力すれば、衛星画像のデータから自宅の日射量や月々の電力の数値を予測して「これくらい料金がお得になりますよ」と教えてくれるサービスも、ユーザーの心をくすぐります。

日本でも同社の家庭用蓄電システム「Powerwall（パワーウォール）」の販売が2020年春からスタートしましたが、土地が広く戸建てが多いアメリカとは違って、マンションが多い日本の都市部ではまだあまり普及していないようです。むしろ、郊外や北海道のような戸建てが多いエリアを中心に、今後は広がりを見せていくのではないでしょうか。

EVの普及にあたって、充電ステーションの増加は必須です。そして充電ステーションは、日本が推進する水素燃料電池車（FCV）に欠かせない「水素ステーション」と違って、コストが格安で済むという大きなメリットがあります。

たとえば、水素ステーションは1カ所作るのに、数億円ほどの予算がかかるといわれます。ところが、イオンモールなどの広大な駐車場に充電ステーションを作ろうとすると、ひとつあたり、たった数千万円ほどのコストで、一気に100台分を設置することもそう難しくないのです。

場所も取らず、抜群にコストも低い。それもまたEVの優位性のひとつであり、テスラによる持続可能なビジネス戦略ともいえるでしょう。

◆水素エネルギーはなぜ普及しないのか

次世代のクリーンエネルギーの可能性についてはさまざまな議論がありますが、日本政府が推し進めているクリーンテックの筆頭は「水素」エネルギーです。ここでは水素社会への挑戦と可能性についても見ていきましょう。

日本政府は2017年に「水素基本戦略」を策定。発電や燃焼時に二酸化炭素を出さない水素エネルギーを脱炭素化社会の実現に向けた切り札と考え、水素社会の実現に向けて動き始めました。

2021年4月にはトヨタが「水素エンジン」の技術開発に取り組んでいることを発表します。翌月開催された24時間耐久レースにトヨタの豊田章男《とよだあきお》社長自らがドライバーのひとりとして参戦し、水素と空気中の酸素を燃焼させてモーターを駆動させる新エンジンをアピールしましたが、一般発売の目処《めど》はまだ立っていません。

化石燃料を燃やさず、クリーンで地球上に豊富に存在している水素が、エネルギー源として各国では普及していないのはなぜでしょうか。

それは前述の通り、水素ステーションを設置するのに、多額の費用が発生するからに他なりません。

ガソリンスタンドを1カ所作るには、約5000万円の建設コストがかかりますが、水素ステーションにはその倍以上、何億円もの費用が発生します。水素は気体ですから、爆発しないように管理を厳重にしなければなりません。そのため、水素ステーションは現状では全国で100カ所ほどに限られています。2025年度までには大都市圏を中心に320カ所にまで増やしていくという計画もありますが、それでもまだ十分とはいえないでしょう。

◆ガラケーと同じ末路をたどらないために

トヨタの水素燃料自動車「MIRAI」がセールス的に振るわないのも、「自宅の近くに水素ステーションがない」人が圧倒的多数派だからです。ガソリンスタンドは全国どこにでもありますが、水素ステーションは全国に100カ所強しかありません。長距離移動の際にも充電インフラの問題が常につきまとうため、気ままに遠出するようなドライブには向かないでしょう。

ただし、エネルギー源としての水素が可能性を秘めていることは間違いありません。E

Vのように充電の時間がかからず、二酸化炭素を出さないため環境にも優しい。どこでも持ち運びができる。けれども、水素ステーションの設置も含めてトータルで考えると、途端にコストと利便性のデメリットが際立ち、競争力が失われてしまう。これが現在の水素エネルギーを取り巻く現状です。

A地点→B地点のように、常にルートが決まっているバスや飛行機、輸送トラックなどであれば、同じ水素ステーションを定期利用できるため相性はいいでしょう。数億円相当の水素ステーションの建設コストを先行投資だと思い切ることができれば、新たな展開も見込めるかもしれません。もしくは、抜群に洗練されたデザインの水素カーが登場すれば、一般ユーザーの心を一気に掴む可能性もあります。

ただ、その間に低価格帯のEVが日本社会で急速に普及し、「水素カーよりEVのほうが断然いいよね」という流れになってしまえば、厳しい戦いになります。水素カーは法人専用になってしまい、スマートフォンに駆逐《くちく》されたガラケーと同じ末路をたどることになってしまうでしょう。

◆どうすれば脱プラは可能か

続いてはＥＳＧ戦略の本丸ともいわれる、私たちを取り巻く環境問題へのアプローチにも目を向けていきましょう。

人類は今、かつてないほど大量のごみを出しながら暮らしています。とりわけ深刻なのがプラスチックごみです。レジ袋やペットボトル、容器包装など、石油から作られるプラスチック製品の79パーセントは、埋立処分場に埋められるか、海に捨てられて野生生物の生存を脅《おびや》かす海洋プラスチック問題を引き起こしています。

また、プラスチック製品が現状のペースで生産され続ければ、２０５０年までに世界の温室効果ガス排出量の5〜10パーセントを占めるようになるとも考えられています。

そうした背景を踏まえてＥＳＧを重視する投資家は、企業の脱プラスチック対策に対する監視の目を一層強めています。

プラスチックごみをめぐる問題解決へのアプローチとして挙がるのは、まずはシンプルに使用量を減らすことです。ＥＵでは法制化によって使い捨てプラスチック製品の多くをすでに禁止しており、今後10年でプラスチックボトルの9割を回収・リサイクルすると宣言しています。中国も国全体で非分解性プラスチック汚染防止策を推し進めており、プラスチックに代わるリサイクル可能な代替製品の利用水準を大きく引き上げています。

プラスチックに代わる環境に優しい素材に置き換える道もさまざまな企業が模索していますが、軽く、汎用性が高く、大量生産できるプラスチックに変わる画期的な新素材、テクノロジーは残念ながらまだ開発されていません。

たとえば、日本企業のＴＢＭは、石灰石を主原料としてリサイクルできる紙やプラスチックの代替製品「ＬＩＭＥＸ（ライメックス）」で特許を取得していますが、一般の市場に広く出回るにはまだ至っていません。

ただひとつ確実にいえることは、プラスチック製品を作るだけの企業はもう消えていくということです。すべての業界がプラスチックに代わる、化石燃料を使わない高機能・高付加価値の素材にシフトしなければならない段階まですでに来ています。過渡期を乗り越えるために新たな素材を見つけ出すのか、精製方法を変えて石油の量を抑えるのか。各企業はそれぞれの強みを活かして試行錯誤していくしかありません。

石油や石炭、天然ガスなどの化石燃料は、地質時代の動植物の死骸が地中で数億年かけてゆっくりと変化したものです。つまりは過去の遺産であり、限りがあるということ。採掘すればするだけ、無尽蔵に出てくる資源ではありません。

そうはいってても代替素材にすぐに切り替えられないのであれば、ごみを資源に戻して新たな製品に作り替える、つまりリサイクルを徹底的に行なう方法が現実解です。

次項ではリサイクル・リユースの取り組みにスポットを当てていきましょう。

⑤大量廃棄×リサイクル

資源が有限であるならば、リサイクル（Recycle［再資源化］）やリユース（Reuse［再利用］）によって循環型社会の実現に努めるのが現実的です。大量生産・大量消費・大量廃棄の行き着く先にあるのは、資源が枯渇し、ごみに溢れた社会です。すでにＥＳＧ投資家は、企業による資源の有効利用やリサイクルなどの情報開示を求めています。全製品のリサイクル材生産という大きな決断を下したアップルと、テクノロジーの力によって誕生したリサイクル・リユースの新しい形を見ていきましょう。

◆アップルが100パーセントリサイクル素材使用に

アップルは、2021年2月の年次株主総会で「将来的にすべての製品と容器包装に100パーセント再生可能なリサイクル材を使用する」と発表しました。

ノートパソコンやタブレット端末を作るには、ボーキサイトやタングステンなど、約35種類もの鉱物が使われています。アップルの100パーセントリサイクル宣言は、これら天然資源の採掘や精錬にともなう温室効果ガスの排出を抑える狙いもあります。

同社は「2030年までにサプライチェーンと全製品を100パーセントカーボンニュートラルにする」とも発表しました。世界最大規模の消費者ブランドであるアップルが、地球環境に配慮した循環経済を目指すことによって、製品販売業の形もここから大きく変わっていくでしょう。

この問題は、「アップルのような巨大企業だからできることだ」で終わらせるべきではありません。本来ならば全メーカー、全企業が取り組むべき最優先課題です。ESG経営の最前線を行くアップルの取り組みについては、次の3章でも詳しく解説していきます。

◆リサイクル・リユース前提のものづくりへ

ファストファッションの流行以来、アパレル業界の抱える問題も深刻です。人件費の安い国の工場で大量生産された衣類が気軽に買えるようになった一方で、大勢の人々がワンシーズンで服を使い捨てるようになりました。アパレルブランドが売れ残り在庫を焼却処分することは、資本主義経済の経済合理性で考えれば正解かもしれませんが、ＥＳＧの視点からは厳しい非難の声が上がっています。

その悪循環を止めるために、ユニクロや無印良品は不要になった自社の衣料品を全国の店舗で回収。リサイクル・リユースすることで循環型社会の形成に貢献する活動を進めています。ポリエステルやフリースのような合成繊維も、じつは繊維状のプラスチックですから、プラスチック問題にも関わりがあります。

アパレルに限らず、家電、家具、生活用品など、これからはすべてがリサイクルを前提にした製品開発が常識になっていくはずです。

◆メルカリは資源循環の場

また、消費者の視点に立つと、メルカリのようなフリマアプリの登場も形を変えたC to C（消費者から消費者）のリサイクルだといえるでしょう。同社の企業理念は「限りある資源を循環させ、より豊かな社会をつくりたい」。これまでは処分するしかなかった不用品が、テクノロジーの力によって別の誰かがリユースしてくれる仕組みができたことも、循環型社会へのある種の貢献です。

このような二次流通市場は今後も拡大していくと予測されますが、これは裏返せば「モノを所有する」という従来の常識が変化しつつあることの象徴でもあります。家具や家電、衣類をレンタルできるサブスクリプションサービスやシェアリングエコノミーの登場によって、モノは「所有する」のではなく、「一定期間のアクセス権があればOK」と考える人が徐々に増えてきています。

これを単なる価値観の違いと捉えることもできますが、環境に与える影響を考えるならば、所有するよりもサブスクのほうが地球により優しい選択であるという見方もできるでしょう。

◆テクノロジーの主体であり、地球市民として

本章の冒頭で、私は「個人の小さな行動改善だけでは環境問題は解決しない」と述べました。けれども、プラスチック製品を使わないようにする、マイボトルを持ち歩くことによって、地球環境やＥＳＧの視点について考える入口にもなりえます。

イギリスでは毎日約２４００万枚の食パンが捨てられています。一方で、途上国に目を向ければ、満足な栄養が足りていない人々が日々を生きています。

この矛盾をどう解消していくべきなのか。

本来ならば企業や政府に任せるだけでなく、グローバル・シチズンとしての意識を持って、私たち一人ひとりが考えていくべき課題ではないでしょうか。

ＳＮＳの普及によって個人の声が企業に届く時代になりました。社会課題に対する企業の姿勢に反対する市民が声をあげ、そこからグローバルな不買運動が起きることも今では珍しくありません。ＥＳＧ投資家の厳しい目線だけではなく、市民一人ひとりの声や意識、行動も企業へのプレッシャーになりうるのです。

次の３章では、２０３０年を勝ち残る先進企業とその取り組みを紹介していきます。

第3章

2030年をリードする企業の勝ち方

◆ＥＳＧの先頭を独走するアップル

環境（Environment）、社会（Social）、企業統治（Governance）。

本書のテーマであるＥＳＧは一過性のホットワードではなく、企業が本来社会に対して負っている責任を意味します。第３章ではその〝責任〟を最大限に果たしている企業、いい換えればＥＳＧ投資家からもっとも好まれている先進企業と、そうした企業の新たな価値を創造する取り組みを解説していきます。

温室効果ガス排出削減への取り組み、循環型社会への対応、生態系への配慮など、どの項目から公益性を重視するかは企業によってさまざまですが、トータルで見たときにＥＳＧ経営のトップを走っているのはやはりアップルです。

２０２０年７月、アップルは２０３０年までに自社オフィスだけでなく、世界中の製造サプライチェーンの１００パーセントカーボンニュートラル達成を約束すると発表しました。カーボンニュートラルとは、事業を通して排出する二酸化炭素に対して、排出権の購入や植林などによって同じ量を吸収・除去して排出を実質ゼロにする施策のこと。同年７月にアップルの時価総額が８カ月ぶりに世界首位に返り咲いた背景には、気候変動対応のスピーディーさや打ち手のヴィジョン、筋の良さが評価され、ＥＳＧマネーを呼び込めたこともひとつの要因としてあるでしょう。

続く２０２１年には、世界中の製造パートナー１１０社以上が、アップル製品の製造に用いる電力を１００パーセント、再生可能エネルギーに切り替えていくという新たな目標を発表したことに加え、ゴールドマン・サックスと国際環境保護団体のコンサーベーション・インターナショナルと共同でパートナー各社と2億ドル（約２２０億円）規模のファンドを設立。年間１００万トンの二酸化炭素削減（乗用車20万台分の燃料相当）を目標とする森林プロジェクトに直接投資する「Restore Fund（再生基金）」をスタートさせています。

また、２０２１年2月のアップルの年次株主総会において、ティム・クックＣＥＯは「将来的にすべての製品をリサイクル材だけを使って生産する」構想を示しました。iPhoneやMacなどの新製品は、希少な天然資源であるレアメタルが原材料として使われています。これらの鉱物の採掘・精錬する過程で発生する温室効果化ガスの排出を抑えるために、自社製品に使われる鉱物資源を完全リサイクルすることで、地球資源を無駄なく活用する方向へと全面的に舵《かじ》を切ったのです。

さらに、２０２１年からは役員のボーナスを社会的・環境的な価値、つまりＥＳＧに対するパフォーマンスに基づいて最大10パーセント増減させることを発表しています。これはアップルに限った話ではありません。役員報酬を決定する際にESG指標を考慮するグローバル企業は2018年以降、右肩上がりで増え続けています。

◆アップルのすごさは有言実行と具体性

ESGの視点から見たアップルの優れた点は、「有言実行」と「具体性」です。「地球環境に優しい経営を」「脱炭素を」と標榜《ひょうぼう》するだけなら簡単ですが、それらをいつをゴールに、どのような施策を組み合わせて、どれだけ二酸化炭素を削減するか、といった具体的なアクションにまで落とし込み、さらにそれを実行できている企業はそう多くありません。

iPhone のような人気の最先端デバイスを作っているマーケットリーダーである、というプライドがあるからこその有言実行でしょう。そして業界トップであるアップルにそう宣言されてしまったら、サプライチェーンも追従せざるを得ません。その意味でも、社会の中で、自社がどのような立ち位置でどのように多様なステークホルダーを巻き込めば社会への貢献が最大化できるのか、利益を考慮しながらも、非常に上手く練り上げられたメッセージを発信しています。

細かいことに思えるかもしれませんが、アップルは環境報告書も非常に優秀です。公式サイトの「環境」のページでは、iPhone、iPad、Apple Watchなど各デバイス別に環境報告書が公開されており、各製品がどの素材を使い、1台あたり何キロの二酸化炭素を排出しているか、というところまで明らかにしているのです。ここまで情報を開示している企業はほとんどありません。情報の透明性とそれを打ち出していく積極性は、多くの企業が見習うべきポイントでしょう。

気候変動という世界共通の課題に対して、自社はどのようなスタンスで臨むべきなのか、自分たちのアクションが周囲にどのような波及効果をもたらし、インパクトをレバレッジできるか。アップルという企業は、それらをすべて緻密に計算し尽くして行動しているように見えます。

◆理念とアクションのバランスが絶妙

環境問題だけではありません。ダイバーシティへの目配りもアップルは怠っていません。

かつては「アップル＝白人男性」のイメージがありましたが、それを払拭するためにも、毎回の製品発表会では登壇メンバーに女性を増やす、アジア系など多様な国籍の関係者にフューチャーするなどの試みに取り組んでいる姿が見受けられます。根底にあるのは、「主役は製品ではない、使う人なんだ」という同社の明快なメッセージです。

ブラック・ライブズ・マター運動やアジア系住民へのヘイトクライムにも抗議のメッセージを打ち出しており、あらゆる面において理念とアクションが絶妙に組み合わさっている印象を受けます。

日本の多くの企業のように「iPhone 部門」「Mac 部門」のような事業部制ではない点も、アップルのユニークな点です。製品やカテゴリー別で利益がどれくらい出ているかという仕組みにはせず、会社全体の目標を設定してＫＰＩ（重要業績評価指標）を設定している。これもまた、組織としての強さの一因でしょう。

アップルがこのような組織体制を整えたのは、おそらく２００３年前後だと私は見ています。iPod が世界中で爆発的人気となり、次のステージとして iPhone が２００７年に誕生する前夜にあたる時期です。２０００年代初頭にはＩＴバブルが崩壊し、多くの関連企業が倒産に追い込まれました。半導体からＯＳに至るまで、すべてが新しかった iPhone

の開発過程において、アップルは目指すべきヴィジョンを再設定し、組織のあり方までも根本から見直さざるを得なかったのではないでしょうか。

もちろん、スティーブ・ジョブズという偉大なカリスマが製品を大胆に絞り込み、iPhone一本で行くという強気な姿勢を貫いたからこそ実現できたことでもあります。ジョブズ亡きあと、ティム・クックがCEOに就任してからも業績は伸び続け、2018年には民間企業として世界で初めて時価総額が1兆ドルに到達。2020年には米国企業として初めて時価総額2兆ドルを達成しています。

日本の大企業に多いのはカンパニー制（個々の事業の独立採算形式で進める組織形態）ですが、そうなるとどうしても部門対立が生じやすいというデメリットがあります。CSR部やサステナビリティ推進部だけがESGに取り組んでいる、という構図にも陥りがちです。投資家や消費者からのESGのエンゲージメント（関与）が確実に増えている昨今、全役員、全社員がアップルのようなヴィジョンの共有化を図っていくべきでしょう。

◆ソニーが投資先をESG軸で評価

アップルのヴィジョンは非常に革新的ですが、時代の潮流を敏感に掴み、ESG経営を着実に進めている日本企業の筆頭といえばソニーグループでしょう。

2050年までに環境負荷をゼロにするカーボンニュートラル実現のためのさまざまな取り組みはもちろん、コーポレート・ガバナンスにも多様な人材を入れています。

米ウォール・ストリート・ジャーナルのサステナブル経営企業ランキング（2020年版）では、世界の上場企業5500社の中でソニーが首位を獲得。「サステナビリティ会計基準審議会（SASB）」の枠組みを活用して合計165項目のデータを採点した同調査では、ハードウェアメーカーに重要な「部品の継続可能な調達」「データセキュリティ」の項目で高スコアを獲得しています。

さらに、ソニー自身がESGを軸として事業を判断する側にも回っています。

2021年6月にソニーは同社のコーポレート・ベンチャー・キャピタル（CVC）「ソニー・イノベーション・ファンド」で、投資先のスタートアップ企業がどれだけESGに取り組んでいるかを評価する新制度を導入することを発表しました。

「自社のエネルギー使用量を把握しているか」「多様性にどう貢献しているか」など、ESGの3つのテーマによる審査項目からスコアを算出することで、新たに投資を検討する候補企業に対してESGへの取り組みを促しています。

スタートアップ企業はどうしても短期間での成長を優先する傾向にありますが、ソニーのESG評価の流れを受けて、今後は国内のスタートアップ企業でもESG重視の経営が加速していく流れができつつあります。口先だけの努力目標ではなく、脱炭素やダイバーシティのためにどれだけ貢献・実行できているかを具体的な数値や手段で示せる企業ほど価値が高まる時代になっているのです。

◆コロナ禍でも真価を発揮

「ソニー・イノベーション・ファンド」の他にも、ソニーはコロナ禍の2020年に相次いで基金を設立しています。

新型コロナで影響を受けた人を医療・教育・芸術分野でサポートする「新型コロナウイルス・ソニーグローバル支援基金」、人権擁護や人種差別是正に取り組む団体をサポートする「グローバル・ソーシャル・ジャスティス・ファンド」を、それぞれに1億ドルを投じて立ち上げました。

また、新型コロナウイルスの感染拡大により、治療のための人工呼吸器が不足する状況を懸念して、人工呼吸器の国内生産支援にも協力しています。

一般にはあまり知られていないかもしれませんが、ソニーは1980年代から映像やエレクトロニクス分野の技術を活かして医療機器の生産を40年以上にわたって続けており、医療機器産業に特化した品質マネジメントシステムの国際規格認証も取得しています。そうした背景もあり、ものづくりのプロフェッショナル集団として培《つちか》った経験とスキルを活かし、アコマ医科工業との協業により、わずか2カ月で500台の人工呼吸器の生産を実現しました。

コロナ禍のような危機的状況においても、自分たちの専門性を活かして社会に貢献するソニーの企業姿勢は、まさにESG先進企業の好例といえるでしょう。

ESGへの貢献という意味では、環境・食料・健康問題の基軸にもなる農業によるアプローチも行なっています。2021年6月には、協生農法などの環境技術に特化した事業を推進する新会社「SynecO（シネコ）」の設立を発表。サブサハラアフリカ（サハラ砂漠の南）に位置するブルキナファソで10年以上にわたって取り組んできた新しい農法をベースに、先端テクノロジーを活用して持続可能な環境と産業の創出にも取り組んでいます。

「VISION-S」には、ソニーのモビリティやセンサー技術が凝縮されている（写真：AP／アフロ）

◆「ヴィジョンS」は ハード×ソフトウェアの融合モデル

ソニーは近年、事業構造の転換を目指しています。

これまでソニーといえば家電やゲーム、音楽のジャンルで存在感を発揮してきましたが、平井《ひらい》一夫《かずお》前社長が経営トップになってからは金融事業を中核に異なる事業を横断的に連携する路線にシフト。続く現社長の吉田憲《よしだけん》一郎《いちろう》氏も業界の壁を超えたサービスを展開し、業界のプロが唸《うな》るような尖《とが》った製品を次々と世に送り出してきました。

事業転換の一環として話題を集めたのは、2021年3月に日本で初めて一般公開されたEV試作車「ヴィジョンS」です。犬型ロボット「aibo（アイボ）」を手掛けたチームがオーストリアの自動車開発受託大手マグナ・シュタイヤーと組んで開発したEVは、車内に映像コンテンツなどを楽しめる大きな液晶ディスプレーを搭載しているのも特徴です。ソニーの強みであるエンターテインメントと画像処理半導体、すなわちソフトウェアとハードウェアの事業融合を体現した「ヴィジョンS」は、じつに象徴的なコンセプトモデルだと見ることもできるでしょう。

◆ソニーの22万円のスマホはなぜ〝お得〟なのか

また、ESG戦略との直接的な関連性はありませんが、同社の画像処理半導体のテクノロジーを投入したスマートフォン最新モデル「Xperia PRO（エクスペリアプロ）」も、ソニーという企業の姿勢が投影されているという意味でユニークです。

スマートフォンを製造する同業他社は、iPhoneとの競争を考慮した上で10万円前後の製品を市場に出すケースがほとんどですが、２０２１年２月に発売されたばかりの「Xperia PRO」の市場価格は約22万円。およそ倍の価格であるにもかかわらず、映像制作などに携わるプロからは高評価を得ています。

「Xperia PRO」のすごい点は、高速通信企画「5G」に対応する高性能スマホであると同時に、ミラーレス一眼カメラなどと接続して通信機能が持たせられる点です。つまり、プロの制作者が使うような機材に近いレベルの高画質でのライブ配信が携帯電話のサイズで可能になったということです。自分の動画を配信したいユーチューバーはもちろん、報道カメラマンや映像制作関係者など、プロフェッショナル向けのニーズも満たす機能が「Xperia PRO」には搭載されているのです。スマホだと思えば22万円は確かに高額ですが、プロの業務用機材として考えれば格段にリーズナブルなのです。

こういった業界のプロフェッショナルが唸るような匠《たくみ》の技のある製品を開発できるのが、やはりソニーの強みでしょう。コンシューマー向けでありながらも、クリエイターが満足できる逸品を出す企業という意味でも、ソニーはアップルに近い。その上でソニーが賢《かしこ》いのは、正面から戦えばiPhoneの圧倒的なブランド力には敵《かな》わないことを十分に理解している点です。だからこそ視点をややズラして、iPhoneにはできないポジションをソニーは攻めているのでしょう。

◆リモートで撮影できるバーチャル制作技術

「ヴィジョンS」が象徴的であったため目立ちませんが、ソニーの「3D空間キャプチャによるバーチャル制作技術」も、今後の映像コンテンツの価値を高めていくであろうクオリティが業界の内外から高い評価を得ています。

3D空間キャプチャによるバーチャル制作技術とは、実在の人物や空間をまるごと3次元デジタルデータに変換し、それを高画質で再現するキャプチャ技術です。

たとえば、映画を撮影する際には必ず背景のセットが必要になります。ハリウッド映画ではそのために莫大な費用が発生しますが、ソニーは空間をバーチャルで高画質に再現するボリュメトリック・キャプチャ技術を実現。つまりは〝合成〟なのですが、俳優が遠く離れた場所にいても、バーチャルセットの中で演技しているかのように、光の反射まで再現して映り込ますことができる映像ツールです。

新型コロナウイルスの大流行が起きたため、移動や密を避けるため撮影延期を迫られた作品は少なくありませんでした。けれども、この3D空間キャプチャによるバーチャル制作技術が映像コンテンツの制作現場に普及すれば、国をまたいで移動することも、俳優やスタッフを感染リスクにさらすこともなく、リアルとバーチャルを融合させることが可能になるでしょう。

実際、最近のヒットしている映像作品、たとえば、韓国のドラマ制作会社「スタジオドラゴン」が手掛けているヒット作『ヴィンチェンツォ』では、イタリアのシーンをイタリアに行かずCGで製作しています。また、アカデミー賞4部門受賞で話題になった映画『パラサイト 半地下の家族』にも多くのシーンにCGが投入されています。

もちろん、映画制作現場を知る人の中には邪道《じゃどう》とみなす声も上がるかもしれませんが、好奇心を刺激されるクリエイターもたくさんいるはずです。従来の映像制作におけるさまざまな制限から解放される新しいツールとして、今後は映像コンテンツ以外にも、広い分野への応用が期待されています。

ソニーのブランドに価値を感じ、ソニーと働くことを誇りに思っているサプライチェーンはまだまだ大勢います。「テクノロジーがユニークな製品を出すのはやっぱりソニー」という一般ユーザーの期待も総じて高い。その企業価値を踏まえた上で、ソニーが音頭を取って成長とESGの両立に向けて積極的なメッセージを出していくことで、日本企業も大きく変わっていくはずです。

◆ユニクロはコロナでどう動いたか

コロナ禍のような大きな出来事は、企業を見極めるひとつの試金石にもなりえます。ショックが起きたときに、その企業はどう対応するのか。周囲の様子を見ながら後手《ごて》に回るのではなく、的確かつスピーディーにそのときなすべきことができているのか。投資家はその動向を一種のバロメーターとして注意深く見ています。

その意味では、ユニクロで知られているファーストリテイリングもまた、コロナ禍においてESGを十分理解した経営を実行したグローバル企業です。

コロナの感染拡大がはじまった2020年春には、国内の医療機関向けにアイソレーションガウン（防護服）20万点や機能性肌着「エアリズム」、医療用を中心とするマスク1000万枚を世界19の国と地域に無償提供。衣料を通じてできるグローバルな支援を迅速に行なったことは記憶に新しいでしょう。

また、エアリズムの機能性を活用したマスクも顧客の要望の声を聞いて、すぐに実現化し、マスクが品薄になっている中でヒット商品になりました。2020年6月の発売からわずか2カ月後には、より息苦しさがないメッシュ素材に切り替えた改良モデルを発売しています。

ショックがあったときにどう動くか、自分たちは何をすべきなのかというのは、普段から考え、頭に染み付いていないといざというときに動けません。結局時間だけがかかって何も思いつきませんでした、ということになってしまいます。こうした点もＥＳＧやＳＤＧｓをうまく「自分ごと化」できている証左なのでしょう。

一方で、アパレル産業は〝環境汚染産業〟と揶揄《やゆ》されるほどサステナブルの対極にある業界でもあります。大量生産・大量廃棄を前提としたファストファッション業界の体質を変える一歩として、同社がコロナ禍の最中に立ち上げたのが「RE.UNIQLO（リユニクロ）」プロジェクトです。不要になった同社の服を回収・再利用することで、新たな衣料品に生まれ変わらせるこのリサイクルプロジェクトは、今後さらに拡充していくでしょう。

また、ユニクロの店舗ではベンチャーが開発した高精度身体採寸テクノロジー「ボディグラム」が採用されており、サイズの不一致による無駄をなくす技術として活用されています。

最近では、「エシカルクローース」という地球環境や不法労働に配慮したファッションが消費者からも求められています。同社の柳井正《やないただし》会長兼社長は「サステナビリティは正しさの追求」と述べ、環境・社会・経済におけるサステナビリティに配慮した自分たちのパーパスをあらためて明確に打ち出しました。

ファーストリテイリングもまた、2050年までには温室効果ガスの排出量について実質ゼロを目指すことを宣言しています。さらに、世界各国の全店舗舗で使う電力も再生可能エネルギーへ切り替えていくと公表しています。H&MやGAPのような競合他社との価格競争に巻き込まれやすいジャンルだからこそ、ESGへのアクティブなアクションが自社の位置づけを明確にし、差別化の指標になりうることを織り込み済みなのでしょう。

◆社会課題に「ノーコメント」は悪手

一方で、2021年5月にはユニクロの綿製シャツが、中国・新疆《しんきょう》ウイグル自治区の強制労働をめぐるアメリカの輸入禁止措置に違反したとして、米当局から輸入を差し止められていたことが判明しました。

柳井正会長は記者会見で「これは人権問題というよりも政治問題であり、われわれは常に政治的に中立。これ以上はノーコメントとする」と発言しましたが、この対応によって一部では不買活動が引き起こされました。これは普段からしっかりとしたESG経営を実践しているユニクロというブランドだからこそ注目が集まってしまう皮肉な展開でもありますが、やはり「ノーコメント」という答えはステークホルダーへの説明責任を果たしているとはいえない、と受け取られてしまうこともあります。

ファーストリテイリングに限らず、企業のトップが社会課題・環境問題に対して鈍感な対応や沈黙の姿勢を見せると、今は瞬時に批判の矛先《ほこさき》が向いてきます。もちろん、企業にとって政治的なメッセージを発信することは大きなリスクです。けれども今はグローバル企業ほど、人種やジェンダー差別、人権、難民などの社会課題に敏感であるという明確な姿勢を発信しなければならない時代になっています。

黒人差別反対を訴えるブラック・ライブズ・マター運動に対して、ネットフリックスはツイッターの公式アカウントで〝To be silent is to be complicit.（沈黙することは共犯者と同じ）〟と発信しました。前後してユーチューブ、ティックトック、ナイキ、リーボック、ロレアル、ユニリーバなどの大企業も、インスタグラムや公式サイトなどでBLM運動を支持する姿勢を続々と表明しています。

企業倫理を重視する消費者は日本でも着実に増えてきています。ブランド価値を維持し続けていくためには、その企業のトップが誠実かつスピーディーに発言することがますます求められていくでしょう。

◆企業理念＝ＥＳＧが強みのテスラ

企業に求められる期待を上回るアクションでファンに応えるという点では、あらゆる意味でイーロン・マスク氏が率いるテスラが世界トップクラスでしょう。

２０２０年7月、ＥＶメーカーのベンチャー企業だったテスラの時価総額が、世界最大手メーカーであるトヨタ自動車を抜き去って、突如業界首位に躍《おど》り出るという大事件が起きました。

異例の株価急上昇の背景にあるのは、ＥＳＧ投資の大きな潮流とテスラへの高い期待値です。そもそも、テスラはただのＥＶメーカーではありません。同社のミッションは「世界の持続可能エネルギーへのシフトを加速すること」。まさに企業理念それ自体がＥＳＧなのです。

ガソリン車の利用が減ってＥＶの普及が進めば、天然資源の消費が減り、二酸化炭素の排出量は大幅に抑えられます。ドイツとイギリスは２０３０年、フランスは２０４０年のエンジン車廃止を打ち出しました。各国が2050年までの脱炭素をスローガンに掲げる中で、EVシフトの動きはますます活発化していくでしょう。

一方で、マスク氏が過去に「すべての乗り物は電動になる」と発言している通り、EVはミッション実現のための一手段に過ぎません。現在のテスラが力を入れているのは、家庭用蓄電池「パワーウォール」と太陽光パネルを組み合わせて販売する戦略です。

蓄電池は、発電量が天候に左右される太陽光発電や風力発電などの再生可能エネルギーの不安定さをカバーする役割を持ちます。かつ、太陽光パネルにはレンタルの選択肢を提供しているほか、取り付け料を無料にしたり、月額課金にして導入しやすくしたり、電気料金が高くなりがちな昼間は太陽光、安い傾向がある夜間は通常の電気から充電するように設定したりと、消費者の経済的な便益にもしっかり訴求しています。

EV購入をきっかけにテスラのソーラーシステムへと興味を持つ層も少なくないでしょう。EV購入やソーラーパネルの設置には、多くの自治体が補助金などの優遇制度を用意していることも追い風になっています。

◆ジョブズにも負けないカリスマの魅力

テスラの躍進にはさまざまな要因が考えられますが、同社の最大の強みはイーロン・マスクという稀代のビジョナリーがトップにいることでしょう。

マスク氏が展開するのはEVやソーラーシステム事業だけではありません。ロサンゼルスやラスベガスの交通渋滞を解消するため地下に巨大な穴を掘ってトンネルを開通する、脳に神経チップを埋め込むBMI（脳とマシンの合体）技術の可能性を模索する、「2030年までに火星に基地を開設する」と宣言して宇宙事業を展開するなど、いずれも常人の理解の範疇《はんちゅう》を軽く超えています。

「ここから先は自分の領域ではない」「国や他の企業に任せておけばいい」という発想は彼には微塵《みじん》もありません。既成の価値観に縛られず、自分たちの領域や業種を固定させずに、必要であるとみなせばどこまでも追求していく。その姿勢こそがテスラ＝マスク氏の魅力であり、〝次代のスティーブ・ジョブズ〟とも呼ばれる由縁《ゆえん》でしょう。

コロナ禍においても、そのフットワークの軽さと柔軟性は大いに発揮されました。

ニューヨーク市での感染拡大によって、人工呼吸器不足が起きた2020年3月、イーロン・マスク氏は、自身のツイッターでニューヨークの同社工場を再開させ、人工呼吸器を生産することを宣言しました。マスク氏はそれ以前からもツイッター上でさまざまな人と議論を交《か》わしていましたが、人工呼吸器の生産決定に至るまでのオープンなプロセスを目の当たりにして、驚いた日本企業は多いのではないでしょうか。誰もが見ることのできるオープンな空間で公開討論をしながら、大きな意思決定を下す。これが実行できる経営者はごく一握りでしょう。

ツイッター上の気まぐれな発言で批判を浴びたり、たびたび訴訟を起こされたりすることもあるマスク氏ですが、〝発言する経営者〟が求められる時流とマッチしていることも確かです。

業界の垣根や常識を超え、壮大なヴィジョンで世界を魅了してきたテスラとマスク氏は、期待値を上回るインパクトを長期的に社会に与えられるのか。ESG銘柄の代表格ともいえる同社の展開を、今後も注視していきたいと思います。

◆ワクチン開発でリスクを取ったファイザー

コロナ禍という世界的な公衆衛生の危機にどう対応するかも、企業のESG対応の一環です。社会に与えたインパクトの大きさという意味では、アメリカの製薬大手ファイザー社とドイツのベンチャー企業であるビオンテック社の共同開発によって、異例のスピードで新型コロナワクチンの開発に成功した事例もESG的取り組みといえるでしょう。

ワクチン開発の号令をかけ、インフラを用意したのはファイザーCEOのアルバート・ブーラ氏ですが、研究の中核を担ったのはビオンテックでした。遺伝物質「mRNA（メッセンジャーアールエヌエー）」の研究を専門としていたカタリン・カリコ博士ら科学者チームが中心となり、ワクチン候補を4つに絞り込み、4万4000人もの人が参加した臨床試験を重ねた結果、開発開始からわずか9カ月でmRNAワクチンの開発を実現させました。

mRNAワクチンは医薬品として初めて実用化された、これまでにない新しいタイプのワクチンです。感染性をなくしたウイルスそのものを投与する不活化《ふかつか》ワクチンと違い、ウイルスのmRNAを投与することで、ウイルスのタンパク質を体内で作らせるのが特徴です。ウイルスを大量に培養して製造する不活化ワクチンは開発にも管理にも時間がかかりますが、ウイルスが持つmRNAの配列さえ分かればワクチンができるため、開発スピードと生産速度が速いのが長所です。とはいえ、世界初のワクチンが全世界で使われるというのは前代未聞のケースです。仕組みとしては安全性が高いことは分かってはいたものの、実用化の実績がないため、不安視する声もあったはずです。

けれども、ファイザーは先陣を切ってリスクを取ることを決断しました。結果、有効率90パーセント以上という非常に優れた世界初のｍＲＮＡワクチンの実用化に成功したのです。人企業のキャパシティとインフラが、ベンチャーの革新的技術と掛け合わせることによってパンデミックの収束という希望がもたらされた好例といえるでしょう。

◆ESG経営に積極的なアマゾン

テック企業の中では、アマゾン・ドット・コムもＥＳＧに積極的な動きを見せています。アマゾンは２０４０年までに温室効果ガスの排出量を実質ゼロに、２０３０年までには全事業を１００パーセント再生可能エネルギーで賄うことなどを目指すと宣言しています。

アマゾンの強みは、物流オペレーションという事業自体に工夫の余地がたくさんある点です。梱包材をシンプルにして無駄をなくす、丈夫でリユース可能な梱包材に変える、封筒のリサイクル率を向上させる、配送用のガソリン車をＥＶに変えるなど、さまざまなアプローチで取り組んでいます。

２０２１年２月には、配送用に10万台導入予定の新型ＥＶの公道走行テストを開始。アメリカの新興ＥＶメーカー「リヴィアン・オートモーティブ」と共同開発した専用配送車で配送する計画を進めています。

また、２０２１年５月には同社初のサステナビリティ債を発行し、再生可能エネルギーの利用やＥＶなどのクリーンな輸送手段、環境に配慮した持続可能な建築プロジェクトへの投資などに充てる予定であることを公表しました。

さらに、アマゾン、マイクロソフト、ディズニー、グーグル、ネットフリックスなど大手企業８社が連携して二酸化炭素排出量の絶対量削減などに取り組む団体「Business Alliance to Scale Climate Solutions（BASCS）」も設立しています。

◆オンデマンド医療サービスも提供

長引くコロナ禍の影響を受けて、アマゾンはオンデマンドの医療サービス「Amazon Care（アマゾンケア）」の提供を２０２１年夏から全米でスタートさせます。アマゾンケアとは、専用アプリを使って医師や看護師などにテキストチャットやビデオ通話などで医療相談ができるサービスのこと。コロナ禍で増えたメンタルヘルスの悩みにも対応してくれ、薬が処方された場合はアマゾンの物流で最短2時間後くらいに届くような仕組みになっています。対面での診察が必要な場合には、医療従事者を自宅に派遣してくれ、ワクチンなどを投与してもらうことも可能です。

もともとは自社の従業員とその家族を対象に始まったケアサービスでしたが、新型コロナウイルスの感染拡大によって診察による感染リスクが懸念されるようになった流れを受け、全米での事業展開に踏み切ったようです。

日本でもＬＩＮＥが医師に相談できるオンライン診療サービスを行なっていますが、まだ一般にはそれほど普及していない印象を受けます。ただ、毎回の通院が負担な環境にある人などにとっては、ビデオ通話によって診察が行なえるオンライン医療サービスは効率的な手段になるはずです。

◆マイクロソフトとビル・ゲイツの貢献

ＥＳＧ投資として創業者のビル・ゲイツ氏の財団での活動などもあり、圧倒的な知名度を誇るマイクロソフトですが、会社本体としては今のところドラスティックなＥＳＧ戦略を仕掛けている印象は、意外にもありません。どちらかというと他のテクノロジー企業と同様の動きをしているようにも見えます。

２０２５年までにオフィスやデータセンターで使う電力を再生可能エネルギーに移行し、２０３０年までにはカーボンネガティブ達成を目指す。その達成に向け、オフィスの敷地内を走る車両すべてをEVに切り替える、製品・包装から生じる廃棄物を２０３０年までにゼロにする、データセンター内にリサイクルセンターを作る、同社の製品「Surface（サーフェイス）」を１００パーセントリサイクル可能にする、などのさまざまな施策を行なっています。ただし、注目度はそこまで高くありません。

そういった一連の施策以上に、マイクロソフト創業者のビル・ゲイツ氏自身がESG投資家として斬新な取り組みに果たしている役割は、非常に大きいといえるでしょう。代替肉メーカーである「インポッシブル・フーズ」「ビヨンド・ミート」２社など、ESG経営を行なうスタートアップ企業への投資をはじめ、次世代原子炉の開発を支援する原子力ベンチャー「テラパワー」を設立し、社会課題を解決するイノベーションをもたらすテクノロジーや企業への積極的な支援を行なっています。

一方で、ゲイツ氏は長年連れ添った妻メリンダ氏と２０２１年５月に離婚を成立させています。離婚の原因は明らかにされていませんが、ゲイツ氏が未成年の性的人身売買で有罪判決を受けた米富豪ジェフリー・エプスタイン氏と深い関わりがあったためという報道も一部では見られます。

エプスタイン氏は２０１９年に獄中で自殺を遂《と》げましたが、一連の騒動により、彼から多額の資金提供を受けて批判されていた伊《い》藤穰《とうじょう》一《いち》氏もＭＩＴメディア・ラボ所長を辞任するなど、各方面に大きな影響を与えました。投資家のウォーレン・バフェット氏が、ゲイツ夫妻が共同で運営してきた慈善事業団体「ビル・アンド・メリンダ・ゲイツ財団」の理事を退任したことも、まったくの無関係ではないでしょう。

同財団は２０２１年６月に、世界のジェンダー平等の促進に向けて今後5年間で21億ドル（約２３００億円）を投じると発表。女性の経済的な権限拡大、リーダーシップの加速、健康や家族計画の増進などを支援することを訴えていますが、財団の活動が不透明であることを指摘する声も上がっています。

このように風当たりが強い環境ではありますが、ゲイツ氏自身は感染症やエネルギー問題に関する先見の明は確かにありますので、慎重な関わりが求められるといえるでしょう。

◆二酸化炭素排出の少ないルートを案内するグーグル

ＥＳＧ、ＳＤＧｓという言葉が世間で流行する前から、「社会のためにテクノロジーで何ができるのか」を真剣に考えていたのがグーグルです。

２００７年にはグローバル企業の中でも世界に先駆けてカーボンニュートラルを達成。２０１７年には世界中のオフィスとデータセンターの年間消費電力の１００パーセントを再生可能エネルギーに置き替えました。再生エネルギーの購入量も世界トップクラスです。また、ＡＩを活用することで電力需要の予測を最適化し、電力消費を70パーセントほど下げることにも成功しています。

次なる課題は２０３０年までにエネルギーの１００パーセントカーボンフリー化です。目標は、事業を行なう上で二酸化炭素を排出しない、クリーンなエネルギーで運営すること。

また、同社は「２０２２年までに10億人のユーザーへ、環境負荷を軽減する新たな方法を提供する」といった内容を含むサステナビリティへの新たなコミットメントを発表していますが、その一環として２０２１年後半に開始を予定しているのが、グーグル・マップの新しいナビゲーション機能です。

これは目的地までの経路を検索したときにＡＩが道路の傾斜や渋滞などを予測・考慮し、二酸化炭素排出量がより少ないエコなルートを提示してくれるという、これまでになかったユニークな新機能です。

グーグル・マップには、車椅子対応の場所が簡単に探せる機能も２０２０年に新たに追加されています。これは「車椅子対応の場所」を有効にすると、車椅子対応の入口が車椅子アイコンで表示されるほか、バリアフリーの座席、トイレ、駐車場があるかどうかも確認できる機能です。ユーザーがどんどん情報を検索・共有していくことによってデータが蓄積されていくでしょう。

車椅子では10センチを超える段差は通過が困難だといわれています。こうした段差やエスカレーターの有無などは、車椅子やベビーカー利用者以外の人々にとっては、気にもとめないような情報かもしれません。また、事前にストリートビューなどで目視で確認してもなかなか判別できない場所もあります。そんな弱い立場にある人たちを、テクノロジーで包括的に応援していく。もちろん、プラットフォームの価値をよく理解しているからこそのマーケティング戦略でもあるのですが、グーグルの企業理念は一貫しています。

◆地球の時間変化をタイムラプスで実感

地球環境がどのように変化しているのかを、目で見て実感できる機能もあります。「Google Earth タイムラプス」は、過去に撮影された2400万枚もの衛星写真をインタラクティブな4D体験にまとめることで、誰もが時間をさかのぼって約40年分の地球の経年変化を見ることができます。

「地球環境が変化している」と聞くだけではピンときませんが、森林がどのような規模で破壊されてきたのか、気候変動によって海岸線がどう変化し、氷河が後退しているのかなど、この数十年に地球上で起きた急速な変化も、Google Earth タイムラプスでまざまざと実感できます。地球を長いスパンで俯瞰《ふかん》的に見るという視点は、地球規模の問題解決に向けて取り組むESGの重要性を認識する上で役立つでしょう。

「Google.org（グーグル・ドット・オーグ）」もグーグルのESGの取り組みとして非常に象徴的です。

Google.org は地球規模の貧困、エネルギー、環境問題への貢献を使命とする非営利組織です。目的は、社会をよりよくするためにグーグルの各種リソースを提供すること。

じつは、Google.org は社内の有志がボランティアで行なっている取り組みであり、企業の直接的な利益にはなりません。それでも社会貢献のために自身のスキルと時間を使いたいというエンジニアが、グーグルには大勢いるということ。テクノロジーを使って社会課題の解決に携わることは、社員にとっても高い満足感につながります。

たとえば、２０１９年の開発者会議で発表した取り組みは、ＡＩとグーグル・マップにある地形情報を活用して、季節性の大雨が来たらどこが洪水になるのかを予測し、インド政府と組んで避難のアラートをリアルタイムに出すというものでした。

仕事の９割では営利的なアプリを開発し、残りの１割でノンプロフィットな社会貢献をする。そういったハイブリッドな取り組みを10年以上にわたってグーグルが続けていることは、ぜひ多くの人にも知ってもらいたいと思います。

◆セールスフォース・ドットコムによるホームレス支援

ビジネス活動をどう最適化するかに特化した米システム大手の「セールスフォース・ドットコム」もまた、社会によい影響を与えることを設立当初からの目的に掲《かか》げています。法人向け企業であるため日本ではあまり知られていませんが、会長兼創業者であるマーク・ベニオフ氏は、創業翌年の２０００年から顧客や従業員、地域に向き合ったステークホルダー経営を実践してきました。株式の１パーセント、製品の１パーセント、就業時間の１パーセントを社会貢献に充《あ》てる「１－１－１モデル」はその好例でしょう。従業員はセールスフォース・ドットコムのリソースを活用してのＬＧＢＴＱ（性的少数者）支援、女性活躍推進、ホームレス問題の解決などの社会貢献活動を続けています。

同社のＥＳＧを推し進めるのは、会長兼創業者のベニオフ氏です。セールスフォース・ドットコムのオフィスがあるサンフランシスコ市では、ホームレスが急増する問題を抱えていました。ＩＴ企業の急成長により地価が天井知らずの上昇を続けた結果、家賃が高騰して契約が更新できず、居場所を失ってしまう人々が溢れかえってしまったのです。

そこで同社は２０１８年に完成した61階建て新社屋「セールスフォース・タワー」を通じて、サンフランシスコのコミュニティを支援するさまざまな活動を開始しました。ビルの１階はバスターミナルや公園として一般の人が利便性高く使える空間にしているのはもちろん、タワー最上階には人道支援や教育・環境問題に取り組むＮＧＯやＮＰＯにイベントスペースを無償で貸し出す「Ohana Floor（オハナ・フロア）」と名付けたホスピタリティフロアを開放。ニューヨーク、ロンドン、インディアナポリスのセールスフォース・タ

サステナビリティを核とした事業で躍進するマーク・ベニオフCEO（写真：ロイター／アフロ）

ワーにも最上階にOhana Floorを設けています。

また、ベニオフ夫妻はサンフランシスコ市内のファミリーホームレス問題を解決する団体に累計1500万ドルを寄付して継続的に活動を支援しており、同社従業員も地域のNPOのために100万時間近くのボランティア活動をこれまで実施しています。

◆Ohanaと重なる企業理念

オフィスビルの最上階を自らの社長室にするのではなく、社会課題解決に取り組む団体やコミュニティのためのスペースとして開放する。従来の大企業のオフィスビルではありえないこのスタイルは、セールスフォース・

ドットコムという企業のミッションの象徴的な意味合いも持っています。

フロア名に使っている「Ｏｈａｎａ」とは、家族を意味するハワイの言葉。利害関係者を意味するステークホルダーの枠を超えて、従業員、パートナー、コミュニティが連帯を深める「家族」のための場を最上階に位置づけている点に、ベニオフ氏の確固たる企業理念がうかがえます。

ベニオフ氏は「世の中を良くすることがビジネスの本質である」という理念のもと、セールスフォース・ドットコムの社会的企業である「Salesforce.org」を設立。これは、ホームレスへの包括的な支援サービスや、ホームレスとなってしまった学生への直接的な給付金提供をはじめ、社会活動を行なうＮＰＯや財団法人に同社のテクノロジーを提供・助成することによって、コミュニティへの還元につながるようなサイクルを目指しています。

同社は、世界60カ国を対象とした「働きがいのある会社」のグローバルランキング(Great Place to Work® ２０２１年版)でも2位にランクインしています。社会に貢献するＥＳＧ経営が、社員の働きがいとも密接に関連していることのひとつの証明ともいえるでしょう。

◆ESGヴィジョンを持ち始めたフェイスブック

セールスフォース・ドットコムの事例からも分かるように、ESG経営を進めていく上で重要なのは、トップが明確なヴィジョンを掲げ、行動で示すことに他なりません。

フェイスブックCEOのマーク・ザッカーバーグ氏も、近年そのスタンスを明確に打ち出すようになっています。

2016年にザッカーバーグ氏は、追加で9500万ドル（108億円）相当の自社株を売却して、妻で医師であるプリシラ・チャン氏とともに立ち上げた財団に寄付（将来的に持株の99パーセントを慈善事業に寄付予定、約6兆円相当）。その財団は、30億ドル（約3000億円）を病気根絶のために使うことも宣言しています。もちろん、税金対策という側面もあるでしょうが、1984年生まれの若き経営者ヴィジョンを持って行動する姿が、社会に与えるポジティブな影響は決して少なくありません。

ただし、ザッカーバーグ氏を行動に駆り立てているのは、どちらかというと信念よりも危機感のほうかもしれません。

2020年、ヘイトスピーチやアジア系・黒人への人種差別的な投稿をフェイスブックが放置しているとして、「利益のためにヘイトを許すな（Stop Hate For Profit）」というボイコット・キャンペーンが立ち上げられました。これに賛同するスターバックス、ナイキなどの約300社がフェイスブックの広告出稿を相次いで取り止める事態が起きたのです。さらに、この動きに呼応してフェイスブックの数百人の従業員も業務をボイコット、フェイスブック上でザッカーバーグの日和見《ひよりみ》的な姿勢を批判しています。

◆インドにワクチン接種場所の発見ツールを提供

そういった手痛い経験を踏まえてか、現在のフェイスブックはソーシャルメディアとして「分断を回避する」ことに注力しています。

新型コロナウイルスのワクチンに関する虚偽の主張、デマが広がった際には、そういった投稿を一定の基準に基づいて削除、もしくはアメリカの保健当局の公式サイトに誘導する方針を取っています。

2021年5月には感染拡大で苦戦するインドに、同社アプリを使ってワクチンが接種できる場所を見つけられるツールを展開。若年層を対象にしたワクチン接種が始まったものの、ウェブサイトがダウンして予約が受け付けられなくなった現状を踏まえての支援といえるでしょう。また、合わせて1000万ドル（11億円）相当の医療用品の提供・支援を行なうことも発表しています。

他社にならってマスクや人工呼吸器の製造に乗り出すのではなく、コロナ禍においてプラットフォームが果たすべき役割はなにかを考え、最大限のレバレッジを効かせて行動で示している姿勢が伝わってきます。

◆ESG戦略で勝ち残る企業の共通点

ESG経営で成功する企業の共通点はなにか。

ここまで紹介してきた企業の共通点を挙げるならば、「自分たちのプラットフォームをしっかり整えた上で、時代の変化を見極め、柔軟に対応する」姿勢に尽きるでしょう。単に慈善活動にお金を使うだけならいくらでもできます。そうではなく、ESGという大きな潮流の中で「自分たち」がやるべきことをブラッシュアップする準備ができている。

富の再配分は税金で行なわれることであり、省庁の管轄です。けれども注意深く周囲を観察すると、省庁でも、他の民間企業でもやりづらい分野、手をつけていないジャンルが必ず見つかるはずです。そのポジションを見つけ出し、自分たちの強みとどう組み合わせていくか。それはESG経営においての一番の肝《きも》ではないでしょうか。

サッカーの試合でたとえるならば、どこに行けばボールがパスされるのか、ゴールに近づくのかを理解できているということ。ディフェンダーが持ち場を離れてゴールを目指して突進しても、得点にはそうそうつながりません。ディフェンダーがすべきことは陣地を守りつつ、攻撃の起点につなげるためにどこでボールをカットすべきか考えることです。

ビジネスも同じです。社会の中でどのようなステークホルダーが並び、自分たちの企業が何者で、どの位置に立っているのかをまず把握するところが出発点です。軸足を決めておくと、ピボット（方向転換）がしやすくなります。事業を展開するということは、軸を残しながらやや方向性を変えるということです。

この軸足が分かっている企業は、じつは非常に少ない。ESG、SDGsへの貢献に成功している企業は、自分たちのパーパス（存在意義）を十分に理解した上でピボットしているのです。

写真のフィルム事業で世界のトップを走っていたコダックは、デジタルカメラの流行に乗り遅れて2012年に倒産しました。一方で、同じくフィルム関連事業で展開していた富士フイルムは、写真フィルム製造で培ってきた技術を活かして画像診断機器などを製造するヘルスケア事業に進出。現在はバイオ医薬品も手掛けるヘルスケアカンパニーになっています。軸足を残したままピボットできた企業の成功例といえるでしょう。

◆キユーピー×AIのイノベーション

創業100年を超える老舗食品メーカーのキユーピーも、事業にしっかり軸足を残しつつ、道具としてAI活用を成功させた企業です。

キユーピーはベビーフードを製造していますが、ベビーフードの原材料であるじゃがいもや人参などの不良品の選別は、かつて人の目視で行なっていました。大量にカットされてベルトコンベアを流れる野菜群から、状態の悪い原材料を見つけ出し、取り除く作業は、非常に負担の大きい工程です。

AIの活用によってこの問題を解決できないか。当時、日立からキユーピーに転職したばかりだった荻野《おぎの》武《たけし》氏は、AIとカメラを融合させ、ディープラーニングを活用して不良品を取り除く精度の高い原料検査装置を開発して製造ラインに導入しました。人が目視・選別していた従来と比較すると、処理能力が2倍になり、より精度の高い選別を行なえるようになったのです。

現在では、惣菜でもこの装置を運用中とのこと。不良品の判断はＡＩカメラに任せ、原料を取り除く作業のみ人間が行なっているそうですが、いずれは選別もロボットアームに代わっていくでしょう。

ベビーフード×ＡＩという組み合わせのユニークさ、テクノロジーを使ってより安全な食を効率的に届けられることに成功したキユーピーの取り組みは、アメリカのグーグル本社から２０１８年に表彰されています。その翌年には、日経コンピュータが主催する優れたＩＴ活用事例の表彰制度でも準グランプリを受賞。日本企業の価値ある取り組みが、国内では価値の見定めがすぐにはできず、先にアメリカで評価されてしまったという点は、皮肉かもしれませんが。

また、同社は新しい技術の開発にも取り組んでいます。野菜の内部についた虫や異物を除去するのは、これまで目視に頼るしかない作業でした。しかし、電磁波をあててそのデータの変化をＡＩに検出させることで、より確実な除去が可能になるというもので、２０２３年の実用化を目指して研究が進められています。

より安全な食が、より効率的に届けられるように、最先端テクノロジーを活用する。こういった事例は今後ますます増えていくでしょう。

◆日本のテック企業はどうか？

　では、日本のテック企業はどうでしょう？　テクノロジーこそ自分たちの武器なはずですが、キユーピーのようなイノベーションを起こせないのはなぜでしょうか。

　企業風土や事業構造などさまざまな要素がありますが、私が見る限りではソフトウェア、AI、クラウドを活用した「データサイエンスで独自のテクノロジーを持っていない」ことが大きな要因です。

　AIはクラウドにデータを貯蔵していれば大量の処理が楽にできます。そのためにはAWS、グーグル、Microsoft Azureなどを土台に実装していくしかありません。自然言語処理も画像処理も海外が最先端で、開発競争が続いています。日本では、それを少し後れて実装することが多いため、ここから本場を凌《しの》ぐような画期的なテクノロジーは残念ながら生まれづらいのです。これまでの日本は「ものづくり」、すなわちハードウェアには力を入れても、ソフトウェアやデータサイエンスの専門家の育成を軽視してきました。その代償ともいえるでしょう。

　大企業の経営陣の顔ぶれを見てください。日本の企業の役員で、ソフトウェアエンジニア出身者は極めて少数派です。トップがテクノロジーの価値が理解できていないから、本当の意味での活用の仕方が分からず、登用しにくいのです。

単に海外の技術を真似るのではなく、自分たちの独自性はどこにあるのかという視点に立ち返って、戦略を練っていくことが重要なのです。

ESG経営へのスタンスもこれと同じです。世界のグローバル企業は脱炭素化社会に向けて、経営の中心にESGを据えてガバナンス体制を構築しています。「売れる、売れない」というものさしだけでは、企業として持続していくことは不可能です。ビジネスはすでにESG、SDGsで動いているといっても過言ではないでしょう。

その前提に立った上で自社のポジションと強みを理解し、競合他社との協働もいとわず、ESGに貢献した取り組みができるか。それこそが今の時代に求められる企業の条件です。

◆ESGの各種指標は絶対ではない

ここまではESG経営に取り組んだ先進企業の事例をご紹介してきましたが、そもそもESGの基準・指標は曖昧で偏《かたよ》りもあるという点を本章の最後に添えておきます。

毎年1月に開催される世界経済フォーラムの年次会議、通称「ダボス会議」では、「世界でもっとも持続可能な企業100社ランキング」が発表されます。

最新の2021年版のトップ10企業は以下の通りです。

順位	企業	国	業界
1	シュナイダーエレクトリック	フランス	電機
2	オーステッド	ノルウェー	エネルギー
3	ブラジル銀行	ブラジル	銀行
4	ネステ	フィンランド	エネルギー
5	スタンテック	カナダ	建設
6	マコーミック	米国	食品
7	ケリング	フランス	アパレル
8	メッツォ・オートテック	フィンランド	金属
9	アメリカン・ウォーター・ワークス	米国	水道
10	カナディアン・ナショナル鉄道	カナダ	鉄道

おそらく、ほとんどの人にとってはあまり聞いたことのない企業名ではないでしょうか。日本の最高位はエーザイの16位です。ちなみにテスラは97位です。本章で紹介した企業はランクインしていません。2021年から評価手法が大幅に変更したことも関係していますが、こういったランキングは必ずしも絶対ではありません。ダボス会議に関していえば、利権をめぐって欧州をやや贔屓目《ひいきめ》にスコアリングし、かつ自分たちに近い企業を推している可能性が高いのでは、と私は見込んでいます。

これは他の指標も同様で、業種に応じたウエイトや評価手法はそれぞれに異なるため、ランキングが変われば上位企業の総入れ替えのようなことも簡単に起こります。

つまり、全業界共通の基準がないため、ＥＳＧ経営かどうかを客観的に判断することは非常に難しいのが現実です。ＥＳＧ評価機関による各種ランキングは、あくまでひとつの参考程度にとどめておくといいでしょう。

第4章

ESGで激変する業界

◆エネルギー業界で起きる地殻変動

今後、激変していく業界といえば、筆頭に挙がるのはエネルギー業界です。電力の原料が石油や石炭といった化石燃料から再生可能エネルギーに代わることで、地殻変動といっていいレベルの大きな変化が訪れることは、もはや既定路線です。

世界の国や企業が気候変動対策やESGにフォーカスし、化石燃料が時代遅れのものという認識はすでに常識になっています。近年のエネルギー業界大手の株主総会では気候変動や、脱炭素への取り組みの質問も増加し、プレッシャーが増しています。

イギリスは2024年に石炭火力発電の運転を完全に終了させることを発表しました。産業革命を支えた石炭燃料の時代に、とうとう終止符が打たれるのです。エネルギー革命の変革を象徴するニュースだといってもよいでしょう。

一方で、エネルギーの安定的な確保は国の安全保障にとっても不可欠なものであるため、どれだけ時代遅れになっても「石油を使う火力発電所がなくなることはないだろう」と考える人も多いかもしれません。

しかし、フィナンシャル・タイムズやウォール・ストリート・ジャーナルといった海外の経済紙では、化石燃料や火力発電所をどうするかといった議論は、もはや90年代終盤の時点で方向性が絞られてきていました。私が常々、「情報収集は海外の英語メディアですべきだ」と主張してきた理由はここにあります。日本語の報道だけを見ているとグローバルな視点が欠けてしまうため、集まる情報に限りと偏りがある。そもそも、ほとんどの国内向けメディアは、日本人が読みたいと感じるローカルな情報しか伝えていません。その前提を踏まえた上で、意識的に海外メディアから情報を収集していかなければ、世界の動向を見据えた上での独自の取り組みができなくなってしまいます。

現状、日本では一次エネルギーのうち化石燃料比率が8割を占め、火力発電所も当然、稼働しています。目の前の現実だけを見ていると、この日本の状況が当たり前のものとして今後も続いていくはずだ、と思い込んでしまう。こうした感覚はいわゆる現状維持バイアスに引っ張られているもので、未来のことを考えるときはバイアスを取り払って、足元のファクトを検証することが大切です。

繰り返しますが現在のファクトをもとに将来を考えれば、化石燃料の時代が終わることは明白です。京都議定書から始まった国際社会における気候変動対策の枠組み、グローバルな先進企業によるＳＤＧｓへのコミット、世界の機関投資家によるＥＳＧ投資市場の成長と、化石燃料依存から脱却して脱炭素社会を目指すことは、もはや国際社会における地球レベルの合意形成といえるでしょう。

◆業界の構造転換によって上流から下流まで何が起きるか

世界の総エネルギー需要において太陽光や地熱、風力などの再生可能エネルギーが占める割合は増加傾向にあり、その市場規模も健全な成長率で拡大を遂げています。こうした流れが止まることはありません。２０５０年には総エネルギー需要の40パーセント以上が再生可能エネルギーになるという予測がありますが、その予測を超えてさらに加速することも十分にありえます。エネルギーシフトはもう時間の問題なのです。

エネルギー業界は、石油やガスといった原料の探査開発から始まり、輸送・保管といった物流、精製や製品加工、卸売《おろしうり》からエンドユーザーへの販売まで裾野が広く、周辺分野を含めて多くの企業が関わっています。そして、石油は火力発電に使われる他、ガソリンなどの燃料に精製され、各種プラスチックなどの石油化学製品にもなり、人々の生活に深い関わりを持っています。

世界で数社しかない大手石油会社が、なかば独占的にその供給源になっているのですが、エネルギーの供給元が石油から再生可能エネルギーにシフトすれば、一気に業界構造が引っくり返ることになり、上流から下流まで影響は多大なものになるでしょう。

まず目に見えてかなり厳しい状況になるのが、石油の卸売業者です。新型コロナウイルス感染症のパンデミックによってガソリン需要が急減し、数多くのガソリンスタンドが休業や廃業に追い込まれましたが、パンデミックが収束しても全体的な傾向としてガソリン需要の減少は続きます。そのため、燃料供給だけではない業態の転換が必要で、EV用充電スポットや二酸化炭素フリーの水素ステーションの設置など、電気自動車への対応は急務です。もちろん、上流の開発を手がける大手企業であっても、再生可能エネルギーに取り組むための事業モデルの再構築を迫られることになります。

また、プラスチックをはじめとする化学素材の原料にもなっている石油は、私たちの生活にも密接に関わっています。近年ではスターバックスが紙ストローを導入し、プラスチック製ストローを全廃することを決定したことが話題になりました。

スターバックスのような石油化学製品からの脱却は各業種で続いていくでしょうし、石油をベースにした化学素材を取り扱う企業も、脱石油への転換や高付加価値の素材への転換を余儀なくされるでしょう。そこにうまく対応できければプラスチック事業の切り売りなどが進み、この分野でも業界全体が再編されていくことになると思います。

◆馬車から自動車、そしてEVへ

社会を大きく変化させた象徴的な出来事として、1908年のT型フォードの登場がよく引き合いに出されます。これによって人々の移動手段が馬車から自動車へと移行したのです。このエネルギー業界の変化も同じように社会全体を大きく変化させるでしょう。

自動車の登場によって馬車の需要が急減していくことで影響を受けたのは、馬車の事業者、馬車の製造業者だけではありませんでした。御者や馬をケアする職業など、数多くの周辺ビジネスを激変させたのです。

たとえば、米穀物メジャーのカーギル社も当時のメイン事業だった馬の飼料ビジネスが成り立たなくなりました。馬の飼料の市場規模が100分の1以下にまで縮小したからです。カーギル社は他の動物飼料にうまく切り替えることに成功したおかげで生き残りましたが、乗り遅れた企業は当然、生き残ることができませんでした。その他にも馬車関連で、従来の事業そのものが消失したケースも数多くあったのです。

エネルギー業界の変化は、こうした自動車の登場による変化を超えるインパクトをもたらすことになります。

およそ100年前に移動手段としての馬車の役割を終わらせた自動車もまさに今、激変のときを迎えています。脱ガソリン、EVシフト、さらには自動運転普及によるロボットタクシーなど、車を所有から、必要なときだけ使うというシェアリングエコノミーへのシフトによる大幅なエネルギー消費の削減に向けた動きです。

現在、世界各国で純ガソリン車販売禁止に向けた政策が打ち出され、自動車のEV化を義務付けるようになっています。

世界的に加速する脱ガソリン車の流れを見てみましょう。

世界でもっとも先行するノルウェーでは、2025年までにガソリン車とディーゼル車の販売を禁止するとしています。電気自動車に重要な蓄電池は寒さに弱いという印象があるかもしれませんが、厳しい寒さの中で各駐車場に電気の暖房設備を用意していたがゆえに、充電設備が元々作りやすかったという側面があります。

ドイツとイギリス、スウェーデンは2030年、日本と中国は2035年を自動車の電動化目標年と定めています。アメリカは州によって異なりますが、バイデン大統領がEVシフトを推進しており、カリフォルニア州が2035年までにガソリン車の新車販売を禁止する他、２０３０年まではウーバーやリフトなどの配車サービス企業に対して、ＥＶもしくは燃料電池自動車（ＦＶ）の使用を義務づける規則を承認しました。こうした動きは他の州にも広がると見られています。東京都も小池《こいけ》百合子《ゆりこ》知事が、２０３０年までに東京都における純ガソリン車の新車販売を禁止する方針を発表しています。

　収益の多くをガソリン車販売で占めている世界の自動車会社は、産業の歴史的転換に向かってＥＶシフトに積極的に取り組む必要があります。自動車産業のＥＶシフトによって、ガソリンエンジンやトランスミッションなどのガソリン車搭載の部品を製造している自動車部品メーカーも、大きな打撃を受けるでしょう。

　さらに、実現はまだ先かもしれませんが、そもそも車を個人で所有せずロボットタクシーのような自動運転でのタクシーが当たり前になれば、エネルギー消費を格段に抑えることができます。このあたりの施策も環境対策に本腰を入れている国から、徐々に推進をしていくと考えられます。

◆世界に後れを取る日本の自動車メーカー

　エネルギー業界が脱化石燃料に向けて進んでいくのと同じように自動車業界のＥＶシフ

トは妥当な流れです。しかし、トヨタ自動車をはじめとする日本の多くの自動車メーカーの主力製品はガソリン車です。日本の自動車メーカーは高度なガソリンエンジン技術が持っていることもあり、諸外国に比べてEVシフトに消極的な印象があります。

菅義偉《すがよしひで》首相は初の所信表明で「温室効果ガスを50年までに実質ゼロにする」と宣言しましたが、ガソリン車について言及しなかったのは、日本の基幹産業を担っている自動車メーカーに対する配慮があったからではないかとの推測もあるぐらいです。

自動車は日本のものづくりの象徴的な存在でもあります。部品の製造から車体の組み立てまでをすべて自前のグループ会社で手がける垂直統合システムは、「KEIRETSU（系列）」という英語にもなり、ハーバード・ビジネス・レビューで紹介されるほど成功したビジネスモデルでした。

しかし、高度な技術が求められるガソリンエンジンの技術を自社グループ内に持っていることが、逆にEVシフトの足枷になっているようにも見えます。利益の源泉であるガソリンエンジン車の開発や販売に注力するあまり、EVシフトに会社の資源を優先的に投入できない状況を作り出しているからです。

こうした日本の自動車メーカーの現状は、経営学者の故クレイトン・クリステンセン教授が提唱した「イノベーションのジレンマ」に陥っているといえるでしょう。すなわち、既存製品が優れているために新しい需要に目が届かず、新興市場で後れを取ってしまっているのです。

とはいえ、日本での二酸化炭素の排出量は、自動車からが約4分の1を占めており、温室効果ガス排出ゼロの目標を実現するためには、EVシフトは喫緊の課題です。

この流れが逆転することは各国の動向を見る限りなかなか難しいですが、日本ではエネルギーシフトの問題と同様に現状維持バイアスに引っ張られ、大きな変化が直近に迫っていることを感じられない人が多いようです。

これは2008年にiPhoneが日本に上陸した当初、「日本では流行《はや》らない」と冷ややかな目で見る人が多かった状況とよく似ています。いわゆるガラケー全盛期だった日本の携帯電話業界はiPhoneの持つ本質的な優位性に気づけなかった。その結果、スマートフォン開発に後れを取って、そのほとんどが淘汰《とうた》されました。

EVシフトについて海外に目を向ければ、先行するノルウェーではすでに新車販売台数の50パーセント以上をEVが占めています。もともと北欧が環境問題に先進的なこと、ノルウェーでは電力のほとんどが水力発電で充電インフラが充実している点などを考慮しても、ＥＶシフトの加速ぶりが分かるのではないでしょうか。

◆希望的観測に逃げる前にＥＶ車に乗るべきだ

それはＥＶメーカーの最先端を走るベンチャー企業、米テスラの躍進を見ても分かります。２０２０年7月、テスラの時価総額が長らく業界首位だったトヨタ自動車を抜いたことが大きく報道されました。単純に世界販売台数の規模だけを見ればトヨタ自動車に遠くおよびませんが、それでも株価がここまで急伸したのはテスラが自動車メーカーというものさしを超えて、その先進性が高く評価されているからです。その後もテスラは順調に業績を伸ばし続けており、世界的なＥＶの販売台数も急拡大しています。

確かに日本市場においてはテスラの存在感はまだ大きくありません。実際に日本の道路を走るテスラの数はまだそれほど多くはないですし、性能面でもガソリン車の時代が当分続くと思っている日本人はまだまだ多数派でしょう。

しかし、ここでも「一次情報を取りに行く」ことの大切さを強調しておきたいと思います。つまり、自動車産業の未来のことを考えるのであれば、実際にテスラのＥＶ車に乗ってみるという体験をするべきなのです。コンピュータに制御されたＥＶならではのスムーズな加速や快適な乗り心地は、ガソリン車とはまったく異なります。交通事故を防ぐための運転支援機能もすばらしく快適です。充電インフラの充実といった課題はありますが、テスラ車は環境にいいだけでなく、自動車として優れた顧客体験を提供していることは、実際に乗ってみればすぐに分かります。

この顧客体験とは、単にサスペンションであったり、ハードウェアでの優劣ではありません。音楽や動画、ゲームを安全に楽しむなど、ソフトウェアも活用した包括的な体験なのです。インターネット検索や日本の新聞、雑誌を見ているだけで分からない、世界的なEVシフトの要因のひとつが実感できるはずです。

◆日本のものづくりを根幹から見直す

この世界的なEVシフトのトレンドは、日本の〝ものづくり〟そのものを変えてしまうかもしれません。

自動車は日本経済を支える基幹産業であり、日本のものづくりの頂点です。

しかし、EVシフトが加速していくとどうなるか。国策としてEV普及を推進した中国では、地場メーカーが躍進を続けています。2020年に中国の自動車メーカー「上汽《シャンチー》通用五菱《トンヨンウーリン》汽車《きしゃ》」が販売して大ヒットした小型ＥＶ車「宏光《ホングアン》ミニ」の価格は、なんと４２３０ドル（約46万円）。これはもう日本の軽自動車よりも安い価格です。こうした安価な中国製ＥＶが上陸してきたとき、日本の自動車メーカーはどのように対抗するのでしょうか。一方で、テスラも２０２３年までに大衆向けの低価格帯モデルを市場投入すると宣言しています。

基本的にＥＶは設計からして既存の自動車とは異なり、部品数も少なくなっています。今後、モジュール化と大量生産によってコストが下がることで、さらに低価格化が進んでいくこともありえるでしょう。パソコンがどんどん低価格化していった法則が、ＥＶにもまったく同じように適用されるわけです。近い将来、30万円台で手に入るＥＶが登場してもおかしくありません。

そんな未来が到来したとき、日本の自動車産業が受ける衝撃は大きなものになるでしょう。

日本の自動車産業は、鉄鋼、ガラス、ゴム、樹脂などの素材、プレスや鋳造《ちゅうぞう》、金型《かながた》などの技術を駆使する専門部品・装置の設計と製作、それぞれの分野における研究開発と、自動車メーカーをトップに数多くの企業を取り囲んだ一大産業です。これに代わる製品は日本に存在しません。EVシフトによる自動車の低価格化で、そのすべての部門が打撃を受けることになります。一部の部品は不要になるでしょうし、EVに向けた改良に取り組むことも必須です。

この激変を切り抜けるための方法はおそらくひとつしかありません。それは完全に他と差別化したモデルを作ることです。「これは絶対にテスラでは作ることができない。トヨタ自動車にしかできないものだ」と評価されるようなものを作ることができなければ、日本の自動車産業はEVシフトの波に飲み込まれてしまうでしょう。

◆自動運転の普及で街のかたちも変わる

さらに、自動車業界を激変させるもうひとつの大きな要素は、先述した自動運転技術です。

AIを活用した自動運転が発展していくことによって、「ロボタクシー」サービスが実現します。世の中にある車の約95パーセントは車庫などに駐車されていると試算されており、実際に持ち主がマイカーを運転するのは、保有時間の5パーセント程度だといわれています。このマイカーに乗っていない95パーセントの空き時間を、自動運転技術を活用してタクシーとして利用する。このサービスがロボタクシーです。

ロボタクシーのサービスが一般に普及することで、車の稼働時間は従来の20倍になると考えられています。ソフトウェアも含めて研究開発費に５０００万円のコストがかかっていたとしても、使用時間を考えれば20分の１＝２５０万円の車両を購入しているのと同じになります。単純に考えると車の台数が劇的に減って、20分の１になっても大丈夫ということにもなります。これは年間１００万台ほど生産していた自動車メーカーの生産台数が５万台に激減するということでもあります。

そうなると車は自分で購入して所有するものではなく、オンデマンドで手配するものになり、車に関わる生活様式そのものが変わっていくでしょう。自動運転は街のかたちも変えていくことになります。現在の日本は基本的に鉄道の駅を中心に街が形成されていますが、将来的に自動運転ＥＶが潤沢に増えて、渋滞を回避するシステムが構築されていけば、人々の移動手段は鉄道からＥＶへとシフトしていきます。そうなると駅を中心に同心円状ににぎわうような街のかたち、ツーリズムのあり方も変わっていくはずです。

◆日本の自動車産業が生き延びるために

こうしたEVシフト、自動運転活用というトレンドによって業界再編が進むと、その波に乗り切れなかった自動車メーカーは合併と縮小を余儀なくされることになります。おそらくプライベート・エクイティ(未公開株)を投資対象にするファンドなどが関与することになるでしょう。これは、かつて日本の携帯電話メーカーがたどってきた道とほぼ重なります。つまり、自分たちでOSを開発することができなかったためプラットフォームを奪われ、ハードウェアの生産でも中国メーカーに価格競争で敗《やぶ》れ、結果的に携帯電話事業から撤退することになったのと同じ構図が繰り返されようとしているのです。

こうした激変を生き抜くために自動車メーカーは、自動運転サービスの開発にそれこそ死ぬ気で取り組まなくてはいけません。しかし、人工知能ソフトウェアの開発は、自動車の生産とはまったく異なる技術が必要です。すでにマイクロソフトやアマゾン、アップルといった巨大IT企業が参入しており、そうした企業から出資を受けたウェイモやクルーズといったベンチャーが、本格的な商用化に向けて公道での無人自動運転の実証実験を始めています。これらの手強《てごわ》いプレーヤーとどこまで戦えるのか。日本の基幹産業は重要な局面を迎えています。

もちろん、日本の自動車メーカーも追随しようと必死に動いています。

2020年1月に米ラスベガス市で開催されたデジタル技術見本市「CES」でトヨタ自動車は、スマートシティー構想「Woven City（ウーブン・シティ）」を発表しました。これは静岡県の自社工場跡地に実験的に街を建設し、自動運転車用道路と歩道を分離して街全体で自動運転できるようにする試みです。

つまり「車を既存の街に合わせるのではなく、街を車に合わせよう」という発想です。このプラットフォームを輸出していく構想なのですが、現在までに国外での有力なテクノロジーのパートナー企業は公表されていません。2021年のCESには新型コロナにより、バーチャルでの開催でもあったためトヨタ自動車は未出展。テクノロジーに国境はないため、ウーブン・シティ構想の世界への発信が、「国外でどう受け止められているのか」は重要です。

ホンダや日産も自動運転サービス開発に向けて取り組みを進めていますが、私が注目しているのは自動車メーカーではなく、ソニーが試作したEV「ヴィジョンS」です。トヨタ自動車のウーブン・シティと同じく、2020年のCESで発表されたヴィジョンS

は、ソニーが自動車を作るという意外性だけでなく、それ以上に高性能カメラセンサーや優れた音響、映像といったエンタメシステムに、ソニーならではの独自性とヴィジョンが感じられるものでした。

公道での自動運転走行テストに積極的な姿勢にもソニーの時代感覚がうかがえます。「ヴィジョンS」は試作車であり、現状では生産を考えていないということですが、これは既存の自動車メーカーへの配慮でしょう。しかし、ヴィジョンSを見る限り、ソニーは自社の強みを把握した上で、次の一手を見据えてビジネスモデルを進化させています。自動車産業の激変について、先ほどのハードウェアだけでなく、ソフトウェアも含めた顧客体験にもっとも着実に準備を進めているのは、ソニーなのかもしれません。

世界3大自動車ショーのひとつである「北米国際自動車ショー」(通称デトロイトモーターショー)ではなく、デジタル技術見本市であるCESで「ヴィジョンS」「ウーブン・シティ」がともに発表されたことも、今後の自動車業界全体のあり方を象徴しているといえるでしょう。

◆モノの価値はソフトウェアが決める

このような自動車業界の変化は、日本のものづくり全体の変化にもつながります。今後はソフトウェア開発が製造業の鍵を握ることになるからです。

たとえば、テスラのソフトウェアは、OTA（Over The Air）といったインターネットを活用した形で直接アップデートされます。従来であれば自動車メーカーは数年ごとにモデルチェンジを行なって、機能追加や性能改善をした新型モデルを発表してきたわけですが、未来の車はボタン操作ひとつで機能をアップデートできてしまう。その進化のスピードはこれまでとは比べものにならないでしょう。

そうなると、必然的にソフトウェア開発が自動車産業のメイン事業となり、それができない旧来の自動車メーカーは、車体というハードウェアを作るメーカーとなり、価格競争に陥ってしまう可能性があるということです。

こうしたソフトとハードの切り離しが、さまざまな製造業で起こっていくことになります。日本企業のものづくりは、基本的に自動車をはじめとする大小さまざまなハードウェアのメーカーによって成り立ってきました。しかし、これからはあらゆるデバイスにソフトウェアが搭載されていきます。そこでは、ソフトウェアがモノの価値を決めることとなり、ハードウェアを作るだけのメーカーはどんどん弱体化していきます。

身近なところでは住居のスマートホーム化が挙げられます。スマートホームでは、ソフトウェアを搭載していない家電はそもそもの選択肢から外れてしまいます。現状ではスマートホームは、アマゾンのアレクサ、グーグルのネストが二強であり、アップルのホームキットが追いかける状況ですが、これらに対抗できるソフトウェアを独自に開発することは、到底難しいのが実情でしょう。つまり、それぞれの家電メーカーは、この3社に対応した製品を作らざるを得なくなりつつあるのです。

さらに、昨今ではソフトウェア企業が製品の開発そのものも手掛けるようにもなっています。すでにアマゾンはアメリカで電子レンジを開発、販売していますし、冷蔵庫についても「カメラ等センサー付き冷蔵庫モニター」の特許を取得しています。これはモニターが冷蔵庫内を常時チェックして、食材のデータを収集、なくなっている食材を知らせて的確なタイミングでの販売につなげるというものです。匂いのセンサーも検討していて、なにか食材が傷んでいる場合には通知してくれることも理論上は可能です。

アマゾンがこのような新たな機能を付加した冷蔵庫を開発したとき、果たして既存のメーカーはどのような付加価値を持った商品で対抗できるでしょうか。プロのシェフが唸るような機能を持ち、高価格帯で勝負していくのはひとつの道筋です。

日本企業はこれまでにもパソコンや携帯電話、クラウドやストリーミング、そして自動車など、さまざまな分野で海外の企業にプラットフォームを奪われ続けてきました。そうした動きは、日本のものづくりに抜本的な変革を迫ることになるでしょう。

◆CBDCの導入がもたらす大変化

私たちの身近な生活にも大きな変化をもたらすものとして、中央銀行デジタル通貨（CBDC＝Central Bank Digital Currency）に代表される通貨のデジタル化についても注目しておきましょう。

CBDCとは世界各国の中央銀行が電子的な形態で発行、管理する中央銀行マネーを指します。モノとして流通している通貨をデジタル化することによって、現金の輸送・保管やATMの維持・設置費用のコストなどは大幅に削減されます。また、銀行口座を持てない人でも決済ができるなど、金融にアクセスできることが期待されています。CBDCの導入もまた、さまざまな産業の構造転換を迫ることになるでしょう。

デジタル通貨といえば、その激しい価格変動がよく話題になる暗号資産「ビットコイン」が有名ですが、こちらはブロックチェーン技術によって発行、暗号化がされているものです。一方、CBDCは法定通貨としての信用を裏付けに中央銀行が発行するものです。ビットコインのように価格変動はせず、通常の銀行券、つまり現金と同様にいつでもどこでも利用可能ということになります。これは最終的にデジタル通貨が現在の貨幣に置き換わっていく可能性があるということです。

CBDCについても現状維持バイアスにとらわれていると、紙幣や硬貨がなくなるはずがないと考えてしまいがちです。しかし、たとえば日本の中央銀行である日本銀行が通貨を発行するようになったのは1885年のことであり、まだわずか130年ほどの歴史しかありません。貨幣そのものの歴史を振り返れば、中央銀行の制度が成立したのはつい最近といってもいいぐらいです。今後、通貨がテクノロジーの発展に合わせてデジタル化していくことに不思議はないですし、それで不都合が生じるということもないでしょう。

世界に先行してCBDCの導入を積極的に推し進めているのは中国です。すでにデジタル人民元の実証実験は始まっており、深圳《しんせん》市では2020年10月に抽選で選ばれた市民5万人に対して、ひとり当たり200元（約3000円）分が支給されました。その消費率は9割を超えて、とくに大きな問題が生じることもなかったということです。こうした実験は今も継続しており、2022年の北京《ペキン》冬季オリンピックまでの本格導入に向けて、中国政府は着々と準備を進めているようです。

日本においては日銀が、2021年4月にCBDCの実証実験を開始しています。イギリスも同時期に、CBDCの研究開発を行なうための政府と中央銀行共同のタスクフォースを発足。アメリカはCBDCについて具体的な計画を明らかにしておらず、慎重な姿勢を見せていますが、これはCBDCが世界の基軸通貨となっているドルの力を弱めてしまう可能性を考慮してのことでしょう。

しかし、中国をはじめとする世界各国がCBDC発行に向けて先行した動きを見せているせいか、米連邦準備理事会（FRB）は近くCBDCについてメリットやリスクに関する考え方を公表するとしています。

◆デジタル通貨発行に乗り気な新興国

国際決済銀行（BIS）の2020年のサーベイ調査によると、全体的な傾向として新興国のほうがデジタル通貨の発行に前向きということです。これは多くの国民が銀行口座を持たない新興国でも、ＣＢＤＣの発行によって等しく金融サービスが受けられるようになるという考え方が根底にあるからです。また、世界的な新型コロナウイルスのパンデミックも、非接触型のデジタル通貨導入検討を後押しする追い風になりました。

ＣＢＤＣについての各国の調査や実証実験が具体的に進んだきっかけのひとつとして、民間企業であるフェイスブックが２０１９年に構想を発表した「リブラ」の存在があります。

これはグローバルな決済手段となるデジタル通貨を目指したものですが、各国政府、中央銀行からの反対が相次いで頓挫《とんざ》。その後、フェイスブックは通貨の名称を「ディエム」に変更し、相場を米ドルに連動させて発行するとして、試験運用をスタートさせています。こうした一連の流れを受けてＣＢＤＣ実用化の議論が高まりました。通貨のデジタル化はある意味、官民連携で進行しているといえるでしょう。

◆デジタル通貨の圧倒的な優位性とは

通貨のデジタル化は人々の経済活動をよりスムーズなものへと変えていきます。その恩恵としてまず大きいのは、お金の流れをデータとして可視化できることです。

たとえば、今回のコロナ禍では支援金や給付金の支給の申請や審査が滞《とどこお》ってスムーズに進まなかったことが多方面で問題になりましたが、もしデジタル通貨が普及していれば、より簡易に手続きができたでしょう。現金と違って市中におけるお金の流れをリアルタイムで把握することができるため、経済のどこにコロナ禍の影響が出ているのか、その業界や業種がすぐに分かるからです。

これはお金を血液にたとえると、体のどこに動脈硬化が起きているのか、その詳細がすぐに分かるようなもの。そうなれば支援金や給付金を支給する際の優先順位もはっきりしますし、実際の給付も煩雑《はんざつ》な申請・審査作業を経ずに、ボタンひとつで一斉かつ迅速に行なえるはずです。

また、お金の流れを可視化できるということは、脱税やマネーロンダリングなどの不正防止にもつながります。

経済的合理性は圧倒的にデジタル通貨に優位性があるわけです。流通のコストを考えても、現金の場合はATMや金庫の管理、警備付きの現金輸送車などによって、1万円につき数十円のコストがかかっているといわれています。こうした裏のコストを負担しているのは誰か？　最終的には納税者が負担しているのです。

また、小売店のレジも1台あたり数十万円と、パソコンよりも高価な製品です。もちろん、そのコストは消費者が支払う価格に乗っています。これがデジタル通貨であれば、こうしたコストはほとんど発生しません。

このようにデジタル通貨のメリットは非常に大きいといえます。

これまで当たり前のものとして現金を使ってきたわけですが、将来的にデジタル通貨が普及していけば、現金は時代遅れのものであり、昔は仕方なく現金を使っていたという認識になるのではないでしょうか。

◆通貨のデジタル化で銀行の役割も激変する

通貨のデジタル化が進めば、必然的に銀行の役割も大きく変わっていくでしょう。

まず、変化のポイントは給与の電子マネー払いが視野に入るということです。現在は、ほとんどの人が給与を銀行口座への振り込みで受け取っています。しかし、企業が銀行口座を介さずに給与を払えるようになる法改正がすでに進められており、将来的には「○○Pay」や Suica などの電子マネーなどの決済事業者が提供するスマートフォンのアプリで給与を受け取ることができるようになるでしょう。

そもそも給与の支払いに関するルールは労働基準法第24条に定められているものであり、賃金は通貨で直接、全額を毎月1回以上の頻度で一定の期日に支払わなければならないとされています。この「通貨」とは現金のことで、もともと給与は現金での受け渡しが基本でした。今では当たり前になっている指定の銀行機関の口座への振り込みは、じつは規定としては例外的なものだったのです。

予定としては2021年春に法改正によって給与のデジタル払いが解禁されるはずでしたが、セキュリティをめぐる議論によっていまだ停滞中です。ただ、近い将来、銀行振込に加えて、電子マネーもこの例外として認められるようになるでしょう。

◆物理的な銀行が不要になる

先ほどお金の流れを血液にたとえましたが、市中に流れるお金という血液の源にあるのは、人々の給与に他なりません。それがデジタル化されて銀行に振り込まれなくなれば、もう銀行口座を持つ必要が薄れてしまいます。現在でもSuicaやペイペイなど複数の電子マネー、決済アプリを使い分けている人は多いと思いますが、銀行口座もそれらと同じく状況に応じて使い分けるアプリのひとつに過ぎなくなるでしょう。

その流れでデジタル化が進んでいけば、物理的な銀行窓口も必要なくなります。融資や投資といった各種取引はすべてウェブ上で問題なく行なえますし、たとえば住宅ローン相談のような取引も将来的には自動化することが可能でしょう。資産運用についてもロボットアドバイザーのように人を介さずに自動運用してくれるサービスはさらに進化していくはずです。

今は日本全国の駅前、一等地にそれぞれの銀行の支店、窓口が設置されていますが、銀行の役割が変わっていくことによって、やがてそれらも姿を消していくでしょう。全国各地、さまざまな場所に設置されているATMもデジタル通貨が普及すれば、現在の公衆電話と同じように過去の遺物となるはずです。自動運転の例と同じようにテクノロジーの発展が街のかたちも変えていくのです。

◆信用スコアで正直者が得をする

金融業界のデジタル化、データの可視化と蓄積が進んでいくことによって、信用スコアの活用も進んでいくと考えられます。

信用スコアとは、職業や購買行動など個人に紐《ひも》づくさまざまなデータを分析し、個人の信用力を数値化したものです。すでにアメリカではアマゾンアカウントやクラウド会計のアカウントなどによって個人の信用スコアを測定し、それによって融資額を決定するような取引が行なわれています。

中国では、アリババグループの傘下である芝麻《ジーマ》信用（セサミクレジット）の信用スコアが広く普及しています。日本でも、みずほ銀行とソフトバンクが出資した信用スコアサービス「J.Score（ジェイスコア）」が展開されていますが、まだ全体的に電子化されているデータが少なく、信用スコア自体の認知もあまり広がっていません。しかし、今後はリアルとウェブとのデータ統合がさらに進んでいくので状況は変わってくるはずです。

信用スコアについては、過去の経済活動に点数をつけられるようなシステムにネガティブなイメージを持つ人が多いかもしれません。しかし、これはむしろ「正直者が得をする」システムです。

分かりやすい例でいうと、消費者ローンなどは利用者に一律の金利が設定されていて、ギャンブルの借金で首が回らなくなっている人と真面目に働いて散財もしない人が同じ金利を払わされてしまいます。これはフェアとはいえないでしょう。信用スコアが導入されれば、それぞれの経済状況に応じて適正な金利をつけてもらえるようになります。また、信用スコアが一度下がったとしても、そのあとにコツコツと実直な経済活動を行なっていれば、信用スコアは再び回復していきます。結果的に信用スコアは経済の活性化に大きく寄与するシステムになるはずです。

◆地方銀行は新たな価値の模索を

もちろん、デジタル化についていけないという高齢者などは一定数いるので、銀行窓口や現金もしばらくは残るでしょう。銀行の窓口が病院の待合室のようになるかもしれません。いずれにせよ、銀行支店の縮小はどんどん進んでいくと思います。

そうした状況が予測されるなかで、とくに分《ぶ》が悪いのは地方銀行です。従来、地方銀行の強みは地域に根ざした密着型の活動にありましたが、デジタル化が進んでさまざまな情報がデータとして可視化、蓄積されていくと、そうした独自性を発揮しにくくなってしまいます。地域密着型ならではの特性を失った地方銀行は、他にデジタル化に対応した強みを見出すことが迫られ、それができなければ業界再編の波に飲み込まれていくことになります。

すでにアメリカではグーグルが決済アプリ「グーグルペイ」で銀行口座を開設できる機

能を搭載するなど、金融業界にもテック企業が進出してデジタル改革が迫っています。シンガポールでも新たに「デジタルバンク」のライセンスを交付し、従来の金融機関だけではなく、インターネットサービス企業のSea（シー）やオンライン配車サービスを手がけるGrab（グラブ）が営業免許を取得しています。今後、日本でも同様の動きが出てくるかもしれません。

◆手数料無料化モデルの普及

また、今後の金融業界を変えていくトレンドのひとつとして、手数料無料化の流れがあります。これはアメリカのネット系証券会社であるロビンフッドの成功に端《たん》を発する動きです。

ロビンフッドはユーザーからの株式売買の注文を証券会社に割り振って回送することでフィーを得て、手数料を無料にするという新たなビジネスモデルを確立。アプリ操作だけのゲーム感覚で投資できることが若い世代を中心に支持を集め、爆発的に利用者を拡大させました。

その革新性は業界全体に影響を与え、アメリカのネット証券最大手のチャールズ・シュワブがTDアメリトレードを、モルガン・スタンレーがEトレードを買収し、各社が手数料無料化に踏み込むことになったのです。

日本でもインターネット証券最大手のSBI証券は、25歳以下の顧客に対して手数料撤廃を決定。これをきっかけにして、手数料無料化は日本でもさらに進むでしょう。こういった流れの中で金融機関はどういったバリューを打ち出し、収益モデルを転換していくかを真剣に考えなければならない時期に来ています。おそらくは、より専門的なコンサルティング機能や、M&Aの仲介といった領域にこれまで以上に力を入れていく必要があると私は予測します。

◆小売業のビジネスも変わっていく

デジタル通貨導入などの変革は、金融業界だけでなく、さまざまな産業に大きな影響を与えることになります。

現金決済が多いオフラインの小売店は対応に追われることになりますが、現金の取り扱いが減ることにより運営が楽になったり、デジタル化が進んだりすることによってモノの売り方そのものが変わっていきます。

購買者の属性やデータ分析が進み、それをリコメンドやキャンペーン、マーケティングに活用する新たなビジネスモデルが登場し、すべての小売業で「データを取ることで、より適切にモノを売る」というビジネスにシフトしていくはずです。

たとえば、本のような商品の売り方も変わります。本はすでに電子書籍という形態でデジタル化が進んでいますが、データの有効活用はまったくできていません。本来であれば、どういった属性の人が、どういう状況で読んで、どのようなフィードバックがあったのか、すべてをデータ化して取得し、新たなコミュニティ形成につなげるなどの展開を考えるべきです。追加オプションで著者と直接コミュニケーションが取れたり、講演を依頼したりするサービス拡充もありえるでしょう。すでに技術的には十分に可能なレベルです。

モノの売り方が変わることで、小売の店舗の形態も変わっていきます。売るためでなく体験してもらう店舗というコンセプトの「b8ta（ベータ）」のように店内でのユーザーの行動をデータ化する店が、今後はますます増えていくでしょう。無人決済コンビニ「Amazon Go」のようにすべてをセンサーでデータ化し、決済もスマホアプリや、手をかざすだけで完結するような店舗が当たり前になる未来も、すぐ近くまで来ています。

日本ではこうしたデジタル化のハードルは高い、と見る人もいるかもしれませんが、消費者の立場からすると親和性は高いのでは、と私は見込んでいます。

日本はいまだに現金依存ともいえる文化が残る一方で、Suicaなどの電子マネーやQRコードによる決済が幅広く普及し、楽天スーパーポイントやNTTドコモのdポイントのような民間企業によるポイントエコシステムが成り立っています。デジタル通貨の導入や決済方法の変化についても、多くの消費者はこれまでSuicaやペイペイを使ってきたときと同じように、「こんなのができたんだ、便利だね」といった感覚で使いこなしていけるはずです。

もちろん、現金にこだわる人も一定数いるため、銀行窓口やレジなど従来の決済方法もしばらくは残るでしょう。駅の改札で、ほとんどがSuicaのみの対応になる中、一部だけきっぷ対応の端末が残っていることと同じことです。デジタル通貨を使用する人と現金を使用する人とでレジが分けられたり、送金方法が異なったりするなど、棲《す》み分けのようなものもできてくると思います。その流れの中でデジタル通貨やデータ活用する人たちの層が拡大し、ある種のネットワークが形成されていくことで、それに合わせてライフスタイルも柔軟に変化していくことになるでしょう。

過去に店舗を「ものを売るための場所」ではなく、エンターテインメントの場として打ち出し成功したのがイオンでした。当時は「地元の商店街はどうなるんだ！」といった反発もありましたが、こうした画期的な取り組みがなければ、ベビーカーで子連れの母親に商店街へ買い物に行きたいと思わせるのは難しいでしょう。

モール型で展開したのは経営者の慧眼といえるでしょうし、消費者の厳しい目に向き合ってきたゆえの結果だと思います。そして今はデジタル化の波によって、小売店の場所としてのあり方が再び問われています。

第5章

日本企業への処方箋

◆ＥＳＧを先延ばしした先に待つのは鎖国である

「持続可能な社会の実現」に向けて、各国の政府と企業は急ピッチで歩みを進めています。世界の潮流に後れを取っていた日本企業も、ようやく多様なステークホルダーを意識したＥＳＧ経営に乗り出し始めました。

ただし、日本においてＥＳＧが一過性のブームで終わってしまう可能性はいまだゼロではありません。なぜなら新型コロナウイルスの世界的感染拡大によって経営危機的状況に追い込まれ、ＥＳＧに注力する余力がない企業も少なくないからです。

けれども、組織内部でＥＳＧ戦略の優先順位が下がり、先延ばしにされた挙げ句、５年後には新しい社長が来てすべて仕切り直しになってしまったら？　他国との距離は一層広がり、意図せずとも鎖国状態に陥る未来が待ち受けているかもしれません。

企業が長期的な価値を創造していく上で、ＥＳＧ指標はもはや必要不可欠な項目なのです。この流れは加速しており、ＥＳＧ経営に積極的に取り組まないということは、「社会と協力したくない」という意思表示とも解釈されるでしょう。資産運用会社から投資候補から除外され、上場もハードルが上がり、消費者や顧客からもいい印象は持たれません。

デメリットが大きくなりつつあります。

私は、日本企業はとくに時価総額に対する認識が甘いと感じています。バブルでの手痛い経験のせいか、「時価総額は当てにならない、期待値でつくられた蜃気楼《しんきろう》のようなものだ」と揶揄《やゆ》する人もいますが、〝株価は未来の利益の合計〟という捉え方もできます。

その視点に立てば一期ごとに赤字や黒字と騒ぐのではなく、会社としての未来にフォーカスし、ESGの文脈に沿って投資家からの期待をコントロールしていくべきではないでしょうか。

◆日本の社長はなぜタイムラインに現れないのか

もちろん、先頭に立ってそれを行なうのはトップの役割です。

そして日本のESG経営が波に乗り遅れている原因は、日本企業の経営層の体質とも無関係ではないと私は考えています。

「自分たちは今こういう事業を展開しており、ESGの視点からはこういった意義があり、顧客や従業員、そして社会にも将来的によい価値をもたらせるはずだ」。このような展望をトップが自らの口でしっかりと説明していれば、そこには対話が生まれ、株価の反映にもつながっていきます。グローバルに展開する企業であれば、日本語だけでなく、当然英語でも積極的に発信していくべきです。

ただし、体裁を整えたプレスリリース発表でそれを行なっても効果はありません。SNSのようなオープンな空間で、自分自身の言葉を用いて、一般の人たちも含めた全世界に向けての発信でなければ意味がないのです。

たとえば、テスラのイーロン・マスク氏はコロナ対応に追われる医療機関を危惧して「人工呼吸器が不足しているならテスラの工場で製造する」とツイートしました。この投稿に対して、メディアや公衆衛生局、政治家たちが続々と反応。ニューヨーク市長のビル・デブラシオ氏が「ニューヨーク市が購入する」とリプライで買い取りを名乗り出たことに後押しされ、テスラは人工呼吸器を製造・配布しました。

日本企業のオーナー社長の中で、SNSをこんな風に有益に使えている人はどれくらいいるでしょう？　もちろん発言にはリスクもともないますが、自社のヴィジョンを明快に打ち出せるようになれば、企業にとっては多大なメリットとビジネスチャンスをもたらしてくれるはずです。役員会議にかけなければ決断できない、というスローな企業体質を見直すきっかけにもなるでしょう。

ＳＮＳというツールを使ってステークホルダーがどこまでもフラットにつながれるようになった今の時代、リーダーには高い発信力と言語化能力が求められます。ワードチョイスひとつとっても、企業のカラーやニュアンスは伝わってくるものです。消費者はその姿勢も含めて、企業をジャッジしています。沈黙は不利益しか生み出しません。

もちろん、ＳＮＳでは威勢がいいが、行動がともなっていない企業もありますから、発言と環境報告書の実績、双方のバランスで判断していかなければなりません。

ちなみにスーツの胸に「ＳＤＧｓバッジ」をつけているリーダーを、私は海外ではあまり見かけません。その意味でも、日本ではまだ意識的に見えやすい啓蒙活動が必要な段階であるともいえるのです。

◆「社名は聞いたことあるけど社長は誰？」という企業はなぜ危険か

リーダーのヴィジョンを打ち出すことが重要な理由のもうひとつは、会社を経営していく上で投資家に次いで大事な〝人材〟を確保するためです。

優秀な人材に「この会社に入りたい」と思ってもらうためには、リーダーの実像がしっかりと外から見えている状態が理想的です。「この会社って名前は聞いたことあるけど、社長ってどういう人?」と思われるようでは十分に伝わっていません。リーダーの存在感の欠如は、企業としての方向性の不明瞭さにもそのまま直結します。

そして組織が成長していくためには、新しい血を入れることも重要です。「私は30年間ずっとここに勤めていますから、自社のことは誰よりも理解しています」という社員ばかりが集まる企業に、多様性や、そこから派生するイノベーションは生まれにくいでしょう。

大切なのは、外部から中途で入ってきた人であっても「この会社のミッションはこうである」とすぐに語れるようになるくらいの強い企業理念を練り上げ、共有しておくこと。DXもSDGsも同様です。部署ごとに切り分けるのではなく、ESGの思想を全社員が共有しなければ変革にはつながりません。

もし転職を考えている人なら、意中の企業のトップが〝信頼に足るリーダー〟かを知るためには、メディアに登場している姿を探してください。インタビュー記事でも思想や方向性は伝わりますが、できれば実際に話している様子が映ったビデオ動画などで確認できると、なおいいでしょう。可能であれば、本人と会って直接言葉を交わすのがベストです。最新のテクノロジーの動向や現場をどこまで理解できているのか、真剣にESGを

「自分ごと化」できているのかが、声のトーンや言葉の端々から感じ取れるはずです。

◆SOMPOホールディングスが掲げた新ヴィジョン

この先の方向性を模索する日本企業に向けて、自動車・火災保険を本業とする「SOMPOホールディングス」のケースをご紹介しましょう。

同社は数年前から保険という枠にとらわれず、新たな収益源を模索してきました。SOMPOが今感じている危機感は、たとえるならばアマゾンが上場したときのウォルマートの心境に近いでしょう。自動運転技術の向上・普及にともない、交通事故が減ることで、自動車保険の持続性が危機的状況に陥る可能性が予測されているからです。

では、次はどういった方向に走り出せばよいのか?

SOMPOが打ち出した新たなヴィジョンは、「安心・安全・健康のテーマパーク」の構築による社会的価値の創出でした。これまで培ってきた多様なリソースやデジタル技術を活かして、ヘルスケア関連のスタートアップ企業と組み、認知症サポートプログラムなどを始動するなど、大胆な業態転換を実行しています。転換が完了すれば「SOMPOって昔は保険会社だったらしいよ」といわれるようになるでしょう。

これもまた、サッカーの試合と同じです。試合の状況が刻一刻と変わるように、社会もめまぐるしく変化していく。パスを回すのか、それともシュートを打つべきなのか。ただ闇雲《やみくも》に走るのではなく、5年後、10年後のヴィジョンを明確にして、「世界はこう変わっていくので、我々はこのポジションで社会貢献します」というESGの文脈に沿ったメッセージを、企業として分かりやすく世界に向けて発信しなければなりません。

◆パーパス経営を実践するための3条件

ESGを経営の中心に位置づけてパーパス（存在意義）経営を実践していくにあたり、企業が必ずすべきことは次の3点です。

ひとつ目は、時代と社会の動きをしっかり摑んでいること。これは大前提です。

二つ目は、今の時代の最先端にはどんなテクノロジーが可能性を秘めていて、自分たちは何に長《た》けているかを客観的に認識すること。

そして三つ目は、社内をしっかりと説得することです。

この3点すべてをトップが先頭に立って行なわなければ、その組織はレベルアップできません。「社会のためにこれもしよう」と付加的に考えるのではなく、今のままでは先がないという自己否定を出発点に、「では我々はどう変わっていくべきか」を真剣に模索することが、ＥＳＧやＳＤＧｓを組織に根付かせるための一番の近道になります。

最先端のテクノロジーなんて自分の業界とは無縁だ、という思い込みは捨てましょう。業界の壁は崩壊しています。デジタルカメラの会社も、まさか自分たちがスマートフォンに押されて撤退することになるとは想像もしていなかったでしょう。まっさらな目で社会を捉え直すと、すべては「自分ごと」につながっていくのです。

◆なぜ中小企業でESG経営が進まないのか

とはいえ、グローバルに展開する大企業と異なり、規模の小さい企業では「ＥＳＧって大企業がやることでしょう」という考え方がまだ残っているかもしれません。

中小企業の場合、上場しないのであればＥＳＧ経営ができていなくても社会的なプレッシャーはほぼないため、ある意味では仕方がないことといえます。

ただ、見えない機会損失はあるはずです。ＥＳＧを重視していない理由で、大企業のサプライチェーンから外されるといった可能性なども今後は増えていくでしょう。

それでも日本の中小企業はガバナンスの構造上、ペナルティもプレッシャーもないため、新たなルールが法制化されない限りはＥＳＧ経営を推進していくことは難しいのが実情です。

しかし、ＳＤＧｓやＥＳＧはそもそもグローバルな課題ですから、この議論が日本で閉じていること自体がおかしいのです。中小企業といえども、マインド自体は海外の潮流を把握・行動していなければなりません。

そういった前提を踏まえつつ、「国内マーケットが縮小していく中で、自社の事業は今後どうすればいいだろう」と悩んでいる経営者は、海外の事例を探してみてください。自社と近い業界、重なるポジションにいる企業が、大胆に事業転換を成し遂げている事例が見つかるはずです。そのまま真似すればいいという簡単な話ではもちろんありませんが、そこからヒントを抽出して、どう取り入れていけばいいのか、と真剣に考えるきっかけにはなるでしょう。

◆スタートアップ企業はＥＳＧを早期に取り込むべきだ

ただし、スタートアップ企業は違います。中小企業よりもスタートアップこそ、初期ステージでＥＳＧの視点を積極的に組織構造に取り込んでいかなければなりません。

たとえば、培養肉の開発を目指して立ち上げたスタートアップ企業が、事業化の難しさに打ちひしがれて目の前の収益を優先させるあまり、食品会社の研究を手伝う側にまわったり、受託で他社の培養肉を作ったりするようなことも、やろうと思えばできなくはないでしょう。

けれども、それは中小企業がすることであり、そこを履《は》き違えてはなりません。なぜなら、スタートアップ企業の存在意義は「急速な成長」だからです。

キャッシュフローがトントンだからとりあえず続けていこうか、では意味がない。売上が20パーセント以上増えていくような成長が見込めないのであれば、事業の方向性を変えていく必要があります。

◆日本の教育で育った大人はESGと相性が悪い？

アメリカでは、日本以上にどの企業にも環境への配慮が高いレベルで求められます。たとえば、カリフォルニア州の条例では新工場を建設するのであれば、人と環境に優しい最高クラスの環境性能評価システム「LEED（Leadership in Energy and Environmental Design）認証」の取得などが必須になります。

これは京都市が古都としての景観を守るために、地上31メートル以上の建物は規制している感覚と近いかもしれません。日本人はこういった伝統を守ることにかけては厳しいのです。

少なくとも一般市民のＥＳＧ思想に関していえば、欧米ほどの熱量では普及していない印象を受けます。日本の社会で生まれ育ち、社会人となった今の大人は、なぜＥＳＧをなかなか「自分ごと化」できないのでしょうか。

その理由はこれまでの日本の公教育のあり方が、正解がないＥＳＧの問題と相性が悪いからではないか、と私は考えています。

日本の学校は、正解を教わる場所です。１００点の正しい答えを持っているのは常に先生側ですから、生徒は常に受け身にならざるを得ません。子ども時代を振り返ったときに、教室内で異論や反論が気軽にできる空気はあまり感じられなかった、という人が多いのではないでしょうか。

それはインセンティブ構造で見ると、ごく自然な流れです。

授業での議論の中で、正解をいえば１００点をもらえる。でも自信がない答えで間違ってしまったら10点になるかもしれない。そんな風に間違ったときのリスクが大きい状況下では、勇気を出して発言することは損につながります。これが間違えれば10点だけれども、正解ならば1000点に跳ね上がるインセンティブがあれば、行動も変わってくるはずです。間違いが叩かれてしまう社会においては、人は自衛のために発言に消極的になります。そうなると当然、議論も起きづらいし盛り上がりません。

私はこういった教育のあり方は間違っていると思います。

気候変動、循環型社会、人権問題や格差の解消。今後もこのような社会課題はどんどん現れてくるでしょう。そこに簡単に見つかる〝正解〟はありません。正解がないものに対して、どうアプローチしていくか。前提をけなすのではなく、健全に疑い、異なる意見を持つ人とディスカッションを重ね、解決に向けてどう行動していけばいいか。それこそが今の時代の個々人に求められるスキルやリテラシーだと思います。

◆情報源が大人＋インターネットになった世代

一方で、大人たちと違ってミレニアル世代、Z世代と呼ばれる20～30代の若者たちは、ESGを「自分ごと」と捉えて普段の生活の中でも積極的にコミットしています。

かつて、子どもにとっての学びの情報源は、親や教師といった「身近な大人」である場合がほとんどでした。ですが、今の20～30代は成長過程にインターネットという強力な知恵としての武器を持っていた世代です。ユーチューブやSNSを通じて多様な価値観を持つ大人たちを知り、視野を広げ、行動を勇気づけられたという側面は大いにあるでしょう。

私は命に関わるようなリスクがなければ、自分の意見をメディアでどんどん発信をしたほうが、得られる洞察は大きいと思います。

何を感じているか、どんな活動をしているのか、実現したい社会の形は、そういったことも表に出して発信しなければ誰にも伝わりませんし、どう受け止められるのかも分かりません。ツイッターやインスタグラムでもいいし、noteで書いた文章がバズることもあるでしょう。いずれにせよ、テクノロジーに乗せて世に出してみなければ、何も変わらないのです。

そして今は、企業名よりも個人の名前で仕事ができることに価値がある時代です。「そういえばあの人、ベンチャー投資にやたらと詳しかったな」と誰かの記憶に留《とど》めておいてもらえれば、そこからまったく異なる業界の人と新しい出会いが生まれて、イノベーションにつながっていくことだって、いくらでもあるでしょう。企業において産業と技術革新の基盤を作ろうと思ったら、立場や会社を超えた付き合いが非常に有効になってきます。

◆社会課題を目で見て触れる経験を

また、若い世代のビジネスパーソンや学生の方々には、最先端のテクノロジーを活用したつながりを活かしつつも、それとは別に社会課題を自分自身の目で見て、触れて、実感する経験もぜひ積んでほしいと思っています。

今、ミャンマーでは国軍がクーデターを起こして権力を掌握するという非常事態が起きています。日本はこのことによる直接的な影響は見えにくいのですが、飛行機なら約7時間で着く国で、恐ろしい事態が現実に起きている。その不条理さ、愕然《がくぜん》とするギャップを、実感を持って知ることは、ESG問題に自分に引き寄せて深く理解していくためには重要です。

私自身も、20代の頃にミャンマーや東ティモール、カンボジアなど開発途上国の現場を訪れたことで、現地に行かなければ見えなかった風景に出会ってきました。

貧困層が暮らすエリアで、明らかに衛生状態がよくなく、食料も足りていない人々の姿を目の当たりにしたときの衝撃は今も忘れられません。それまでは平和な日本で暮らしていましたから、飢餓問題といわれても正直なところまったく実感がなかったのですが、そういった現実を一度知ってしまったら、もう平然としてはいられなくなります。「遠い国の話」ではなく、自分にとっても切迫感のある問題に置き換わります。

そういった経験が、国際協力や環境学を学ぶモチベーションにもつながっていきました。

◆メディアの発掘力が低下している

そしてあらためて貧困や格差問題を見直すと、現地で素晴らしい貢献をされている日本人の方がたくさんいらっしゃることに、遅ればせながら気づきました。

日本人初の国連難民高等弁務官を務められた緒方貞子《おがたさだこ》さんや、アフガニスタンで人道支援と治水事業に取り組みながらも、凶弾に倒れてしまった中村哲《なかむらてつ》医師などです。そういった方々は〝点〟としては確かに存在しているのですが、業績自体が一般の方にはあまり知られていません。

この状況の一因はメディアにもあります。

本来であればメディアはもっと、社会課題への貢献という意義のある活動に従事する人々を発掘し、スポットライトを当てて広く日本社会に紹介していくべき役割があるはずです。

ところが、日本のメディアは、たとえば「アフリカなど海外で起業した若者の奮闘記」のようなキャッチーなトピックスを好みます。もちろん、本当に頑張っている人もいるので、一概にはいえないのですが、映像や、記事になりにくい地道な活動をされている人も多いのです。

そういった文脈でしかＳＤＧｓやＥＳＧを紹介できない限りは、どんどん出して、どんどん消費していくだけ、という悪循環は繰り返されていくでしょう。

メディアは社会を映し出す鏡でもあります。海外で活躍する日本人の声を拾い、広く報道することは、一般市民がその問題に気づくきっかけにもなるはずです。

メディア自身の変化を促していくためにも、私たち自身がメディアをしっかりと選び、声をあげていくことがますます必要になっていくでしょう。

◆1945年以来の巨大なインパクトが到来した

そして新型コロナウイルスの世界的流行が、ＥＳＧやＳＤＧｓに与えた影響も見逃せません。ＳＤＧｓの17の目標の中には、マラリアやエイズといった感染症への対策も含まれています。新型コロナウイルスも感染症という点では同じですから、ひとつの警鐘《けいしょう》として作用している面はあるでしょう。

日本で暮らす人々が、自分たちの社会にここまで深い思いを寄せる瞬間というのは、東日本大震災や阪神・淡路大震災のときに匹敵するかもしれません。しかも、日本だけでなく全世界がほぼ同時進行でこのパンデミックに翻弄《ほんろう》されているのです。主要都市がロックダウンし、変異株が続々と生まれ、ワクチン供給も一筋縄ではいかない。なぜこんな不条理な事態が世界で起きてしまったのだろうと、きっと誰もが考えさせられたはずです。

こんなにも世界規模でシンパシー（共感）が生まれる時期は、もしかすると第二次世界大戦が終わった１９４５年以降初めてのことではないでしょうか。個人的にはそれほど強大なインパクトだと思っています。

気候変動問題が騒がれるようになってから長らく経ちますが、今ほど世界がひとつにまとまりつつある時代も、かつてなかったようにも思います。

一方で、こんなにも未曽有《みぞう》の非常事態だからこそ、想像力と思いやりを持てるかどうかは非常に重要なことだと再認識できた面もあります。人間は、自分が知らないことにはどうしても共感できません。ミャンマーを訪れたことがある人とない人では、現在の報道から受ける印象もまったく違うものでしょう。

アジア系へのヘイトスピーチ抗議運動に対しても同じです。日本で生まれ育ち、日本でずっと暮らしていると、自分がマイノリティだと感じる機会はなかなかないかもしれません。けれども日本の外に一歩出ると、日本人は明らかにマイノリティです。「自分は日本人で、中国人や韓国人とは違う」といくら主張しても、欧米人から見ればほとんど変わりません。そういった不条理で差別的な偏見が渦巻く場所に、自分も巻き込まれる世界があるということ。そういった事実を芯から理解できるようになれば、世界は少しずつ変わっていけるはずです。レッテルを貼って、分断を作り出している場合ではないのです。

◆すべての前提を一度疑ってみる

私たちが暮らす社会は、いまだ不完全です。

国家としての機能、資本主義、法制度、政治体制、投票システム……。すべてに改善の余地が残されています。5年前には最適だったルールや常識が、今も最適解だとは限りません。むしろそうではないケースのほうが多いでしょう。

地球規模の気候変動は、そんな人類の積み重ねに対するひとつのアンサーとも見ることもできます。企業がどれだけ功利主義に暴走しても、人類そのものがなくなってしまっては結局意味がないからです。その事実から目を背けることは、もはやあまりに不自然であり、不可能でしょう。

繰り返しになりますが、今、ＥＳＧやＳＤＧｓが盛んに議論されているのは、一国だけ、一社だけではなく、すべての国と企業が団結しなければならない危機的な段階にまで来ているからなのです。全員がステークホルダーであり、利害関係者として、社会全体の公益を考えなければいけません。

◆1・5票分の投票権利を持てる選挙制度はありか？

ひとつの思考実験として、集団の意思決定について考えてみましょう。

私は一人一票という選挙制度自体も、改善できる余地があるのではないかと思っています。たとえば、若い人は１・５票分の投票券を持てるなど、票の重みに傾斜をつけることも可能でしょう。政策の影響を一番受けるのは、これから生まれてくる子どもたちも含めた若い世代ですが、「意思決定に参加する人」と「便益を受ける人」にミスマッチが生じています。

かつ、日本では経済や政治の知識が比較的不足している人が多いため、投票率も低い状態です。自分が信用する人に票を集める制度や、この分野に関しての政策であればより専門知識を持つ人に投票を委託するといった施策を、複合的に取り入れることも可能なはずです。デジタルならば技術的に可能な選択肢も増えます。そもそも一人一票の制度自体が世界でも200年少しの歴史しかないのですから、制度を根底から見直してもよいのではないでしょうか。

総意としてより合理的に、社会がよくなるような選挙制度に改善することは十分にできるはず。ウィキペディアがまさにそうですが、それもある種の集合知の形といえるのではないでしょうか。

ネットワーク上で正しい合意形成を行なえるのかどうかという「ビザンチン将軍問題」をビットコインは解決しました。答えを探すのをやめてしまえば終わってしまいます。その法律、システムが本当に最適なのかを常に考え続けないといけません。

法律を変えるには何年もかかるかもしれませんが、現代ではテクノロジーが進歩し、ツイッターが5000万ユーザーを突破するのに1〜2年、「ポケモンGO」に至っては19

日という早さです。テクノロジーの進歩に合わせて社会システムを変革するスピードも、上げていかないといけないのではないでしょうか。

◆資本主義というジェット機に乗りながら

この先、社会が変化するスピードが今よりも遅くなることは、もはやないでしょう。飛び交う情報量は飛躍的に増加していきますから、進化論ではありませんが、「迅速に変化し続けること」が生き残る道でしょう。

そして今現在、我々が乗っているのは「資本主義」という名のジェット機です。このジェット機のエンジンが壊れる前に、相当難しい改造をしなければなりません。

資本主義を否定するのは簡単です。競争社会に疲れている人ほど、「脱成長」という考え方に癒《いや》されることもあるでしょう。

けれども、猛スピードで進むジェット機から降りて、ヘリコプターなど別の乗物に乗り換えることはそう簡単ではありません。気候変動を止めることや、貧困・飢餓問題に取り組むことは、一国だけの努力で成り立つものではありませんから、たとえ日本だけがジェット機を降りても、日本よりはるかに先を行く主要国がジェット機に乗り続けている限り、世界の潮流は変わらないでしょう。仮に、ＥＳＧ後進国である日本だけが「降りましょう」と提案してみても、残念ながら他国への説得力はほとんどないでしょう。

資本主義に代わる新たな選択肢はない、とまでは私は思いません。資本主義は完璧ではないし、今のシステムではカバーできない欠点もたくさんあります。「社会主義が無理なのだから資本主義しかないだろう」という二項対立を煽《あお》る議論もありますが、その二択に限定する前に、「そもそも資本主義はなぜ誕生したのか？」ということをあらためてじっくりと問い直してみたほうが、有益な議論ができるのではないでしょうか。

どのような状態を理想とするかによって、社会的コストは変わってきます。

そして私たちは世界全体の潮流を見た上で、「ゲーム理論」を考えないといけません。つまり、自分がこうしたら、相手はこう出る。そのときの総和としてどうあるべきなのか。

私たちは資本主義というジェット機に乗った状態のまま、社会の不条理を減らし、豊かな社会の実現のためにできることを探していかなければならないのです。

グーグルやアマゾンが成長することをやめた社会を想像してみてください。その先に果たして健全な未来はあるのでしょうか？　テクノロジーを活用して経済を発展させることは、社会的な幸福度ともリンクするはずだと私は考えています。

◆経済で人類は幸せになれるか

宇沢弘文《うざわひろふみ》氏という1928年生まれの経済学者がいます。

宇沢先生は東大理学部で数学を研究されていたのですが、途中から経済・社会問題に関心が移って経済学者になり渡米。スタンフォード大学やシカゴ大学で研究を続けたあと、帰国後は日本社会のために数理的アプローチから経済を捉え直すことに生涯を捧げ、2014年に亡くなられるまで数々の素晴らしい業績を残された方です。

宇沢先生の優れたところは、「経済学とはこういうものである」と単に論理だけで説くのではなく、「経済学が本当に人類を幸せにするための学問であるならば、公害のような社会問題は本来起こり得ないはずだ」というシンパシーを持った視点から人類のジレンマ、無力さを直視している点です。

1974年にベストセラーとなった『自動車の社会的費用』（岩波新書）は、「自動車」を「テクノロジー」に置き換えてみれば、今でも十分に通用する名著です。宇沢先生は自動車の化石燃料消費や排ガス効果などによる地球温暖化にいち早く警鐘を鳴らし、環境コスト対策として炭素税の導入なども提唱されています。インターネットやブロックチェーンなどの新技術が続々登場している流れを受けてもなお通用するその普遍性を考えれば、現代の読者もきっと驚かされるでしょう。

彼の理論がすべて正しいとまでは思いませんが、私にとってはひとりの尊敬すべき存在です。持続可能な社会の実現について議論が交わされる今の時代であれば、ESGの視点から読み解くこともできるでしょう。

本書の最終章では、気鋭の経済学者・小島《こじま》武仁《ふひと》さんとの対談を通じて、経済学の視点からESGとビジネスの関係性について解き明かしていきたいと思います。

第6章

特別対談　小島武仁×山本康正

「理想を現実に変える経済学の未来」

小島武仁
Kojima Fuhito

経済学者。東京大学大学院経済学研究科教授。東京大学マーケットデザインセンター（UTMD）センター長。1979年生まれ。2003年東京大学卒業（経済学部総代）、2008年ハーバード大学経済学部博士。イェール大学博士研究員、スタンフォード大学助教授、准教授を経て2019年スタンフォード大学教授に就任。2020年に母校である東京大学からオファーを受けて17年ぶりに帰国し、東京大学大学院経済学研究科教授、東京大学マーケットデザインセンター長に着任。専門は「マッチング理論」「マーケットデザイン」。

◆地球規模の議論をするときは感情を抑える

山本　小島先生とはハーバード大学でのご縁以来、もう10年以上のお付き合いですが、数式や理論のバックグラウンドがとても堅牢《けんろう》な方だなと常々感じていました。世界に名を轟《とどろ》かせた経済学者の宇沢弘文先生に近いものを感じるんですね。数学から経済学に転身された宇沢先生もまた、数学的にカチッと構築された理論と、そこからさらに発展していける拡張性の高い思想をお持ちの方でした。

そんな小島先生に、経済学の視点からサステナビリティとテクノロジーの関係性などについて、ご意見を伺えたらと思います。

小島　こちらこそ、よろしくお願いします。

山本　今、「脱成長」というモデルに注目が集まっています。書店でも脱成長をテーマにした本をよく見かけるようになりましたが、気候変動や格差、分断を生み出す資本主義から脱して「脱成長社会」を実現しようという考え方です。ディスカッションをするにはすごくいいテーマだとは思いますが、僕は誤解を生んでしまうのではないかという危機感を抱いたんですね。脱成長論にあっては、新技術は豊かさを失わせているという前提に立って議論を展開されていますが、エビデンスがないように感じてしまう主張も少なくない。たとえば、ＥＶのような「グリーン技術は生産過程にまで目を向けるとそれほどグリーンではない」という主張もありますが、シェアリングエコノミーやロボットタクシーが実現すれば、自家用車の所有台数は一気に減るはずです。サステナビリティのためにテクノロジーができることを恣意《しい》的に過小評価している印象を受けてしまいます。私はリテラシーと知恵がしっかりと社会で共有されれば、資本主義を否定することなく、そこから拡張していける方法があるはずだという立場ですが、小島先生はいかがですか。

小島　脱成長論は、現状認識について重要な問題提起だと思います。ただ、山本さんとまったく同じ感想になってしまうのですが、エビデンスがないままいい切っている主張も多々見受けられます。あるテクノロジーが発達して環境負荷が減っても、さらに便利になることで皆が持ちたがるから環境負荷の総量は増えます、と一足飛びで結論づけたりする。僕自身そこは専門ではなく、定量的に本当かどうかを知らないため意見を挟みませんが、気候変動のような地球全体の話は大きすぎるがゆえに感情的にもなりやすい。そのあたりはぐっと堪《こら》えたほうがいいのでは、と感じています。

たとえば「ある種のテクノロジーは環境破壊を進める可能性がある」との結論に至ったときに、そのテクノロジーを完全に禁止するのはほとんどの場合は悪手《あくしゅ》です。テクノロジーには使い方によって良い面もあれば悪い面もある。それならば悪い面を細分化して、減らすために政策などによってなにができるかを検討するのが本来すべきことです。経済学でいうところの「外部性」（ある経済主体の活動が、市場を経ずに他の経済主体に影響を与えること）を適切に考慮に入れるということですが、そういった地道な作業は重要だと思います。

◆すべての指標は不完全である

山本　まさにそうですね。すべてを自由化させれば上手くいくわけではなく、悪い面は規制や金銭的ではないインセンティブを与えることでコントロールしていく。一方で、テクノロジーは発展したものの、今の日本は裕福な国とはいえません。GDPは下がってはいないものの、20年以上も停滞している。その間にすごい勢いで伸びているアメリカや中国とは対照的です。仮に日本がイノベーションを成功させて米中と同じくらいにGDPが伸びていたら、ここまで脱成長が支持される風潮にはなっていなかったのではないでしょうか。ただ、GDPに代わる新指標を考えようといった議論もありますが。

小島　GDPの不完全性は昔から多くの経済学者が指摘していますね。「世界の幸福度ランキング」なども同じですよね。あれはGDPや健康寿命、個人の自由度、貧困の指数などを考慮して「幸福度」を評価したものですが、ひとつの指標に飛びつき、結論に結びつけていく姿勢は危険だとも思っています。

山本　ブータンは「世界一幸福な国」とメディアでは報道されますが、実際に訪れてみると衛生状態などは決してよくはない。ひとつの指標だけでは現実は安易に判断できません。そういった問題を解決していくには、経済的なリテラシーも必要ではないでしょうか。全国民がそれを身につけるのは難しいかもしれませんが。

小島　おっしゃる通りですね。ただ、人間はエビデンスを聞いたからといって納得するわけではないんですね。そこが難しい。行動経済学のナッジ理論（人の心理を踏まえて行動変容を後押しする工夫）などを使うことで受け入れられ方は変わるという研究はいくつかありますが。発信する側である学者や研究者、メディアなどに工夫が求められる部分だと思っています。

最近、新型コロナウイルスワクチン接種の予約方法について政策提言を行なったのですが、自分たちが正しいと思う知識を多くの人々に届けるためには、やはり発信の仕方や伝え方が非常に大事だなと実感しました。

山本　ワクチンのようにデマが発生しやすいテーマだとなおさら大事ですよね。因果関係が証明されていないにもかかわらず、「副反応で何名亡くなりました」と発信するメディアがいると、社会全体が損を被《こうむ》ってしまう。ワクチンは正の外部性です。接種することによって自分だけではなく、他の人たちも守られるわけですから、その外部性を正しく使わなければいけないのですが、社会的な公益よりも目先の売上を優先すると、そういったことが引き起こされてしまう。

◆ESG推進は政府の役割が大きい

小島　新しいテクノロジーが登場するときも同じですよね。ただ、それも無理からぬことだという気持ちもあります。私自身も自分の専門外のことだと、なにがどう良さそうかという判断に自信が持てませんから。難しい問題だと思いますが、テクノロジーで解決できないでしょうか。僕だったらGoogle Scholarを見てどのくらいサイテーション（引用・言及）がある研究者だとか見ると何となく分かるのですが、普通の人はそういうことはしませんよね。

山本　スコアリングの重みづけで改良できる余地は大いにあると思います。たとえば、各情報にサイテーションインデックス（引用索引）やインパクトファクター（学術誌の影響力を示す指標）のような指標に近いものを使って、「これはデマでなさそうだ」とページランクを重みづけしていくことで、ある程度の質が保たれれば変わっていきそうですが。

小島　面白いですね。ただ、信用を担保するためには権威に評価されなければいけないわけですから、権威主義に走りやすいという意味では非民主的ともいえます。

山本　ネット上に飛び交うデマや公益を損なう情報を規制することは、スマートニュースやヤフーなどのプラットフォーム側の責任です。それはつまり、社会における自分たちの意義をどこまで認識できているかということ。クリック率を高めることだけにフォーカスする方向性は危険です。

アメリカの企業は自分たちが社会的な意義を持つべきだと強く意識しています。さまざまな大企業が、ＳＤＧｓやＥＳＧを意識した経営戦略をどんどん打ち出していますよね。でも、じつは同じような風潮は日本にもずっとあったはずなんです。「売り手良し、買い手良し、世間良し」といった近江《おうみ》商人の三方良《さんぽう》しの思想。ESGに近い考え方が日本には昔から存在していました。にもかかわらず、今の時代になってからはそれが機能しなくなっている。

小島 いわゆる、「貧《ひん》すれば鈍《どん》する」なのでしょうか。

山本 ベンチャーの世界では「売上がすべてを癒す」といわれます。売上が伸びれば期待感が湧き、モチベーションが上がって、「自分たちが社会に影響を与えているんだ」と思えるようにもなる。そういう流れはありますが、その因果関係が正しいかどうかは経済学で確かめられるのかなと思いますが。

小島 社会への貢献とESG経営の枠組み、そこのギアが嚙《か》み合う状態をどう作ればいいかということですよね。ゲーム理論的なところでもありますが、考えさせられる問題です。伝統的な経済学に立てば、やはり企業はプロフィットを上げることが至上命題であるから、必ずしもESG経営を頑張ることには期待しすぎず、そこは政策で上手くカバーすべきだ、という発想をします。ただ、政策を動かすのは大変なことですから、そこだけに頼ろうとは手放しでいえません。今の日本や他国の現状を見ていると、資本主義をやめる前にやらなければならない政策があるのではないでしょうか。
今、政府が検討しているカーボンプライシング（二酸化炭素排出量に応じて企業や家庭に金銭的コストを負担してもらう仕組み）もそうですし、DXの大前提となる周波数帯の有効な使い方の見直しでもそう。そこで政府が果たすべき役割は意外と大きいのではと感じています。

◆コロナ禍で浮き彫りになった日本の弱点

山本　政府にもっと経済・科学の両方をつなぐリテラシーがあれば、より改善できる部分はあるのでしょうね。今回のコロナ禍でも、有権者へのアピールにはなっても、科学や経済の理論には基づかないであろう政策が非常に多かった。政府を変えていくためには、投票行動を変えていく必要がまずありそうですが。

小島　ただ、我々経済学者としても反省している面はあります。今回のコロナ禍において、私自身はもっとなにかできることがあると思っていましたし、政策レポートも公開していたのですが、はじめのうちは社会から認知されるのに苦労しました。全国紙で紹介されたことでようやく状況が変わってきましたが。そういう意味で、メディアの力は非常に大きいことを実感しましたし、経済学をはじめとした研究者が持っている専門知見というのは、やはりあまりにも知られていない。これは発信側だけでなく受け手側の問題もあるのかもしれませんが、「テクノロジーの伝播《でんぱ》には時間がかかる」という山本さんの主張とも共通すると思います。そこをどうつなげていくか、ということが日本ではまだ弱いと思います。

山本 新しいテクノロジーが登場したときに経済学的にどういったインパクトがあるかまでを捉えられる人は、私が見ている限りではやはり少ないんです。

たとえば、インターネットが出てきたときに、これによってeコマースが盛り上がり、決済が大きな役割を果たすようになるはずだと仮説を立てたのはペイパルでしたが、日本にはそれに相当するような海外まで進出する企業はなかった。もちろん頑張っていたスタートアップはありましたが、シェアを確保できるところまではいかなかったわけです。

経済学とテクノロジーは両輪の関係性です。ある経済学的なモデルが今の社会に適しているることが大きな川の流れだとしたら、新しいテクノロジーの登場によってそこに新たな溝ができ、「こっちにも行けるよ」という可能性が生まれる。ところが、新しい溝には怪しい人もたくさん現れてくるのが常です。そのときになにを信じればいいのか、その判断が難しい。

「イノベーションのジレンマ」を提唱したクレイトン・クリステンセンさんという有名な経営学者の方がいます。イノベーションと企業の研究に関する第一人者ともいえる彼であっても、iPhone はヒットしないと予測した。クリステンセンさんほどの専門家であっても、百発百中は無理なんです。

小島　経済学者の文脈でいうと、ノーベル経済学賞を受賞したポール・クルーグマンという有名な経済学者がいるのですが、彼なんかも1998年頃には「インターネットが経済に与えるインパクトはFAXと同程度だろう」と主張していたんですね。専門家のように見える人の予言が何十年かあとに見たときには結構外れている、というのはよくあることです。

山本　とはいえ、企業は新しいテクノロジーの可能性を常に見極めていかなければいけません。その判断が迫られるときに、本書の読者のような一般の方々は、なにを信用して、どうやって情報を取りに行けばいいと思われますか。

小島　非常に難しい問題ですが、取るべき態度としては二つあります。ひとつは、「未来はこうなる」という予想はなるべく信じないこと。つまり不確実性が高いということを認識しておくことが大事です。科学技術の基礎研究の分野でいうなら、当たるも八《はっ》卦《け》当たらぬも八卦ですから、ある程度広めに投資しておく必要がある。「これからはこの分野が絶対にヒットするので注力しましょう」というスタンスは、しばしばカウンタープロダクティブ（逆効果、非生産的）にもなります。

もうひとつは、ある程度確立されてきたテクノロジーであれば、実際に自分たちで使ってみることです。まずはそこからではないでしょうか。

山本 百聞は一見にしかず、ですからね。

◆貨幣の真価を今こそ再認識すべきだ

山本 先ほどのＧＤＰに代わる新指標についての話題にも重なるのですが、デジタル通貨の普及は経済学的にはどうご覧になっていますか。全面的にデジタル通貨に移行すれば、お金の流れがマクロ的に捕捉《ほそく》されるようになりますよね。

小島 デジタル通貨に関していえば、「実際はどのくらいまで捕捉できるか」が重要になってくると思います。たとえば、最近私はフードロスの問題に興味を持って調べているのですが、貧困層に食べ物を配るフードバンクがありますよね。ところがアメリカの事例を見ると、じつはソーダやお菓子のような肥満につながるような食べ物が届いて捨てられるケースも結構あるんです。ですから、本当の意味でフードロスをなくしていこうと思ったら、なにを送るのが適切なのか、そもそも彼らは普段なにを食べているのか、物を送ったら浮いたお金で野菜を買おうとするのか、それともまったく違うものにお金を使ってしまうのか、といった要素まで捕捉しておかないと、根本的な支援にはならないのです。そのために、デジタル通貨などで消費の捕捉がよりできるようになるならば、より効果的な対策を打てるようになるかもしれないと期待しています。

このように私は大いに期待しているのですが、一方で心配もしています。たとえば、コロナ禍では地域振興券をデザインする自治体が数多くありましたよね。このときにデジタル通貨を使うとなると、これはパワフルなテクノロジーの一種ではあるのですが、同時にガバナンスが非常に必要になってくる。経済学のよくある議論としては、地域だけで使えるものを作ると、しばしば非効率性も生まれます。そのため、デジタル化によって使いやすい通貨を自治体が簡単に作れるようになると、かえって社会全体にとって悪い結果になるというパラドックスもあり得るわけです。どの程度まで限定すればサステナブルになるのか、自治体が税金を投入して行なうだけの意義があるのかは、慎重に検討すべきだと思います。

山本　制度設計次第である、ということですよね。日本円だけのやり取りのほうが圧倒的に使い勝手はいいわけですから。ただ、デジタル通貨の長所をうまく活かすことができれば、そこのコストを大幅に抑えることにもつながるかもしれません。

小島　アメリカの食料支援NPOで「フィーディング・アメリカ」という団体があるのですが、そこではある種のトークンエコノミー（代替通貨）のような取り組みをして実装に至っています。どういうことかというと、それまでは各地のフードバンクやフードパントリー（食料支援）に食べ物を送る際、どこのフードバンクに何が必要とされるかが把握できていなかったため、混乱がたくさん起きていたそうなんですね。そこでトークンエコノミーを作って「鶏肉、缶詰、オムツ、どれを何ポイントで買いますか？」という疑似的なオークション仕様に変えたところ、合理的に必要なものが行きわたるようになったという成功例があるんです。

この仕組みを考案した経済学者が、フードパントリー運営者にいわれた言葉というのが印象的でした。どういう言葉だったかというと、「自分は資本主義が嫌いで不正義を正すためにフードパントリーをやっていた。それなのに、結局のところお金に限りなく近いトークンエコノミーを導入することが合理的な支援につながった」といわれたそうです。貨幣の素晴らしい力って、そこなんですよね。欲しいものを手に入れるための、価値の交換手段だということをもう一度、原点に返って認識すべきではないでしょうか。

◆環境負荷は常に全体を見渡すべき

山本　高成長を続ける中国が世界に先駆けてデジタル人民元の運用を開始したのとは対照的に、日本では「脱成長だ」「GDPなんて伸びなくていい」という考え方が支持され始めています。この傾向が続くと、世界のマネーから日本だけが取り残されることになるでしょう。そうなると研究費が削られ、投資先にも選ばれなくなり、テクノロジーの進歩も当然後れてしまう。安全保障的にも弱い立場に追いやられるでしょう。
そういう未来を真剣に考えたら、「自分たちは成長しなくていい」と本当にいえるのか、という思いが私はありますね。

小島　おっしゃる通りです。さらに、仮に脱成長が環境にいいことが証明されても、一国だけでやれるものではない、という大きな問題があります。地球環境の問題ですから、国単位で政策をやってもうまくは進まないでしょう。

サンフランシスコ・ベイエリアは、環境問題に厳しい規制がありますが、緑が綺麗で街並みも整っていて、すごく住みやすい裕福な都市です。ただ、本来ならばそこで大勢の人々が暮らせるはずが、一部規制により起こされた地価の高騰によって住めなくなった人々が、環境保護規制の弱いテキサスなどに大勢流れ込む事態が起きているといいます。結果、全体で見たときの環境負荷はより高まっているという議論もあります。地方や国でも同じことが起きていないか、常に意識する必要があるのではないでしょうか。

山本　ご専門のゲーム理論やマッチングなどで、この問題の解決につながるアプローチはありますか。

小島　残念ながら現段階ではこれといった解決策はありません。たとえば国家間の問題ではエンフォースメント（罰則を課すこと）が期待できない状況ですが、このときにみんなが納得できるような条約がどこまで可能なのかという分析は色々ありますが、見通しとしてはまだ難しいというのが私の認識です。

◆理想と現実のギャップをどう埋めるか

山本　理想論と現実のギャップ、現実における制約は何なのか。そこを政策決定者やステークホルダーが知っておくべきなのでしょうね。国連よりも実際はアメリカの声のほうが強いとか、現実世界は矛盾をはらんでいるわけですから。小島先生は東大マーケットデザインセンターのセンター長として、ギャップを前提としてどう設計していくかということを、どのように伝えているのでしょうか。

小島　私自身もそこはまだまだ研究途上です。経済学の研究自体もかつては社会的厚生上の理想はこうだが実際は違う、なぜなら政治的にこう決まっているからだ、で止まっていたのですが、そこを真面目に分析していこうという研究が90年代後半から増えてきましたし、今後もどんどんやっていくべきだろうなと思います。マーケットデザインだけではなく、ゲーム理論全体の問題としても。

ただ、研究はやっぱり時間がかかるものですから、研究しているあいだに世界が滅んでしまったら困りますよね。ですから、研究だけでなく、現実に目を向けてコミットしていく学者がもう少し増えるといいかなと。個人的には自分もそこを頑張っていくべきだと自覚しています。

またコロナのワクチン接種の例になってしまいますが、経済学者がマッチング理論を使ってこう予約システムを運用するといいですよと提言しても、残念ながら最初は響かなかった。なぜかというと、個々の自治体にそう提言しても、自治体にはすでにベンダーが入っていて、決めたものを提供しているわけですから、今さら我々が提言してもタイミング自体が遅かった。私たち学者はそういうところまで目が行き届いていなかったんです。

その反省を踏まえて、じゃあすでに仕様が決まって動かせない制約のもとで、どうしたら合理的な仕組みが作れるか、という取り組みを今はしています。幸いこのアプローチはうまくいっており、自治体へのアドバイザリーなどをしてお役に立てていますす。本当に私自身、まだまだ学び途中で、コミットしてみて初めて分かることがあるなと強く感じています。

山本　社会実装のためには、細かなシステムの仕様も把握しなければなりませんからね。

小島　そうですよね。政策担当者の方とのやり取りから教えてもらうことが多いため、私たちとしては非常に勉強になるんです。ただ、その場限りで終わってしまうことが多いし、お互いにどこまで踏み込んでいいのかと遠慮してしまう部分もあります。

◆若手ビジネスパーソンに伝えたいこと

山本　行政の内部にいると本音をガシガシ出すのは難しいですからね。そこは新しいテクノロジーとも似ています。新しいテクノロジーって、ほとんどの場合は危機感があるときにしか導入されないんですよ。でも本来であれば、経済合理性の観点からもベンダーロックインが進む前、平常時から常に新しい技術を常に取り込み続けていくべきなんです。研究者も企業も自治体も、常にアップデートをしていく姿勢が今後はさらに求められるでしょうね。

その点、日本のビジネスパーソンへのアドバイスがあれば、ぜひ教えていただけないでしょうか。

小島　山本さんも強調されていることですが、自然科学的な技術から社会科学的な技術まで、広い意味でのテクノロジーに対してオープンマインドでいることは非常に大事だなというふうに思います。

最近は企業が従業員に対して「明日から離島に単身赴任してください」というような辞令を出しづらくなりましたよね。では従業員の希望を叶えつつ、会社としてうまく事業を回していくにはどうしたらいいのか。これまでほとんどの企業は人力でその問題を解決していたと思うのですが、マッチング理論に基づいてアルゴリズムの形で自動化することで、ちょうどいいフレームワークが作れるのではないか、という研究を今進めているんですね。目を凝《こ》らせばそういったいろんな取り組みがありますから、ぜひアンテナを張っていただきたいなと思います。

今挙げた例もサステナビリティの文脈でも捉え直すこともできます。以前は単身赴任で男性社員だけを飛ばせていたのが、共働き夫婦が増えて、待機児童の問題などもあって、もはやそういう体制には戻れない。今の日本が直面している状況は、国難レベルです。だからこそ性別を問わずに使える才能、人的資源を活かしていくために、できることはすべてやらなければいけないし、テクノロジーもどんどん取り入れていかなければなりません。

◆意思決定できない若年層の優位性

山本　日本の大企業への要請という点はもちろん大事ですが、まだ意思決定できる立場にはない、若い世代のビジネスパーソンが気をつけておくべき点は何かありますか。

小島　新しいテクノロジーや流行の話を聞いたらそれを上の世代の人に伝えてみる、ということは意識してやったほうがいいと思いますね。新しいテクノロジーへの感度の高さは、圧倒的に若い人のほうが上です。最近、ある30代の優秀な人が私たちのマッチング理論のことを知ってくれていて、「こういうテクノロジーがあるそうなんですよ」という話を人事部長にしてくれたのがきっかけで、その企業とのコラボが始まるという経験をしました。意思決定者に情報をつなげる立場に回ることを意識的に行なうと、良い変化を引き起こせるようになるのかなと思います。

山本　そこはすごく大事ですね。日本だと年功序列制がまだ根強いですから、経験値のあるシニアの先輩が何でも知っているような立場に回っていますが、新しい情報や流行に触れる機会でいえば、若い世代のほうが断然有利ですからね。多忙な立場にいる人ほど、触れていない無知な分野が必ずあるはずなんです。そこは下から伝えていくしかない。

小島　私たち研究者の分野でも同じです。私自身も研究者ですが、最新の情報を知っているのはやっぱり若い人のほうなんですね。若い人から新しいことを教わるのは、恥でもなんでもありません。上の世代は若者から新しいことを学び、下の世代をちゃんと上げていく。組織が成長していく過程では、このサイクルができることが非常に重要です。

◆シニア世代の情報格差が進んでいる

山本　経営者の方と実際にお会いしてみると、やはり度量が広い方ほど真摯《しんし》に下の世代に学びますし、かつ吸収も速いんです。「若造が何を知ってるんだ。俺の経験ではこうなんだ」みたいな人には若者も話そうとしなくなりますから。じつはシニア世代の中でも情報格差が進んでいるのではないでしょうか。そしてこの世代間の情報の断絶が日本を相当苦しめているようにも思います。

ただ、組織内にたくさんいる上の世代の中でも、誰に話すべきかを見極める必要もある。直属の上司にいっても潰されるだけだったのに、思い切ってトップに伝えたら予想外の展開になるケースもありますから。

かつては大転換と呼ばれるような事態は、100年に一度くらいのスパンだったのではないでしょうか。それが今は3、4年に一度くらいの頻度で、目まぐるしくいろんなことが起きますからね。ブロックチェーンやビットコインが生まれたときも、2008年当時はごく一部のエンジニアしか存在を知らなかったわけですよ。それが今では誰も彼もがビットコインについて語れるようになっている。同じような種は今もどこかに散らばっていますし、常にその種を探しているのが投資家なのですが、じつはそれと同じ目線があらゆる人にとっても必要な時代になっている気がします。

◆優秀な学生はESG視点をすでに備えている

小島　ちょっと個人的な肌感覚の話になってしまいますが、今年の4月から学部の学生をゼミで教えるようになったんです。東大生ですからやはり受験エリート的な若者が多いのでは、というステレオタイプな思い込みがあったのですが、実際に学生たちと接してみるとまったくそんなことはなくて。環境のことについて自分なりに活動していたり、国際協力に熱心だったり、ベンチャーをやっている学生が思っていた以上に多かったんですね。少なくとも我々が東大生だった頃よりは考えられないほど激増している。研究者も同じで、象牙《ぞうげ》の塔にこもるのではなく、社会問題を解決するために研究していこう、という意識が高い人が増えているなという印象を受けています。

山本　そうなんですか。私自身はもともと東大の大学院で環境学を学び、サステナビリティや炭素税、クレジットの仕組みといった経済的・法学的な面から、どういった枠組みがいいのかをずっと勉強していましたが、当時の私の周辺ではそういった機運はまだ本格化していなかったと思います。

ただ、最近の若い世代を見ていると、既存のブランドには頼らない層が増えている印象は明らかに受けます。ブロックチェーンとかＡＩだとか、そういった親世代がまったく知らない分野の企業を選ぶことへの抵抗はグッと減っている。とりあえず新卒で最初は商社に入ります、みたいな人はもはや多数派ではないでしょう。

これは企業と学生間での情報の非対称性が崩れてきたことの証明だとも思っています。かつては企業というものは、入社してみないとわからないことだらけのブラックボックスでしたよね。でも今では学生がインターン経験などを通じて内部を知ることができるようになり、結果として本当に自分が行きたい場所に行けるようになっているんだと思います。情報の入手先がグッと増えて就職サイトも細分化してきたことによる相乗効果もあるでしょう。中国のGDPがどんどん伸び、相対的に日本のプレゼンスが下がっている状況が続く中で、優秀な学生が大手を離れてベンチャーに行くのもある意味、自然なことだと思います。

◆コロナ禍が経済学に与えた影響

山本　ところで、今回のコロナ禍によって経済学にはどのような影響がもたらされたのでしょうか。

小島　ひとつは当然のことながら、コロナという世界を揺るがした事象に衝撃を受けた研究者たちによって、膨大な量の関連研究が出されているということです。SIRモデル、つまり人から人へ直接伝播する感染症の流行動態を捉えた数理モデルがあるのですが、これをマクロ経済とつなげた研究がものすごく流行りましたね。

専門ではない読者のために簡単に説明すると、まだその病気に罹《かか》っていない人、罹ってしまった人、罹って治った人が、時系列でどう推移して、それにともなって経済活動はどう変わるのか、というようなことで、ロックダウンの効果などかけ合わせたさまざまなバリエーションが多種多様に研究されています。コロナに対して研究者が群がっている状況といってもいい。そのことを批判的に見る人ももちろんいますし、研究の価値も玉石混交《ぎょくせきこんこう》ではあるようですが、社会にとっての重要な問題に多くの専門家が取り組む状況自体は、私は大変いいことだと思っています。

もうひとつ、副次的ではあるもののロングタームで見ると重要かもしれない事柄として、必要な知見であれば分野を超えて混ぜる、いわゆる学際的研究への抵抗感はコロナ禍以降で薄まっている印象を受けます。コロナがきっかけになって、経済学者と感染症の研究者が対話をする機会がじつは格段に増えているんですね。私もまさにそうです。医療従事者や政策関係の方々と協力しながら、ワクチン接種券の合理的な配り方を一緒に考える取り組みを続けているのですが、我々だけではなく、海外でも同様の事例がたくさんあります。

それと、経済学だけではなく学問全体におよぶ話かもしれませんが、新型コロナウイルスのように被害が甚大で世界中が注目し、すぐ結果を出さなければいけない事態が起きたときは、従来型の査読システムのクオリティコントロールがかなり難しくなってしまいます。まず数が多すぎるし、時間をかけて査読するにもそもそも専門家がいない。自然科学でも同じようなことがいわれています。先ほど、信頼に足る情報の判断は専門家の担保が大きな役割を果たすとお話ししましたが、そこを担保するはずの専門家が苦労する事態になったときはどうすればよいのか、という課題が今回のコロナ禍で生じたのではと思っています。

山本 なるほど。ベンチャー投資と構造的に似ている部分がありますね。ＡＩが流行になったらうわーっと一斉にＡＩのいろんなベンチャーができるけど、ピンきりだったりするというような。

小島 そうです。そのタイミングを逃《のが》しちゃいけないんだけど、みんなが同じようにそう考えるからじつは難しいんですよね。

山本 一方で、ビットコインのようなイレギュラーな発明が突然来ることもあるので、それも見落としてはいけないわけですからね。

◆マッチング理論はもっとビジネスに活用できるのでは

山本 もうひとつ、小島さんにお聞きしたいことがあるのですが、すべてのビジネス活動は消費者と供給者のマッチングともいい換えられますよね。インターネットによって情報の非対称性が少なくなり、色んなマッチングの可能性は広がったと思いますが、ビジネスに応用されるマッチング理論は意外と少ない印象を受けるんですね。ゲーム理論となると地方自治体や公益法人などのパブリックセクターの話ばかりが多くなって、ビジネスではあまり話題になっていない。なぜでしょうか。

小島　それはすごくいい質問だと思いますし、私も困っていることです。私の専門であるマッチング理論では市場の効率性を上げる方法はいくつかありますが、その中の重要なものがいわゆる市場の厚みを作るということなんですね。

要するに、多種多様なスキルを持つ会社と、色んなものを求めている会社をマッチさせることを考えると、「来月のこの時期に一緒にお店を出したい人は来てください。買いたい人はこの日に来てください」と市場を開けることで、皆に集まってもらうんですね。そこで多数のオークションが行なわれることで、上手くマッチができるという仕組みになっているんです。

マッチング理論が公的な場でよく使われることが多い理由のひとつは、まずはそういった音頭《おんど》が取りやすい点があります。マッチを組みやすいんですよ。

ところが、ビジネスにおいては期間を区切ることが状況に馴染まない場合が多いし、たまったオーダーを全部マッチすることで市場の効率性が結果として低下してしまうことも起きてしまいます。そういった要因が重なっているのではないでしょうか。

山本　よく新しいテクノロジーが出てきたときに、どうビジネスに使えばいいか分からないという方が、世代を問わず結構多いんですね。そのときの判断材料のひとつとして、僕は理論的にはなにが理想の状態なのか、ということを普段からイメージしておくことがビジネスにおいては大事だと思っています。それが最終的には経済合理性に収斂《しゅうれん》していくようなイメージとも重なるのですが。

小島　思考のためのフレームワークはあるといいですよね。経済学のような机上《きじょう》の空論的な学問をなぜビジネススクールで教えるかというと、やはり理想の状態はこうで、市場の失敗とはこうである、と伝えることに意義があるからだと思うんです。

ちょっとシニカルないい方をすると、経済学であれば「市場の失敗が生じる要因のひとつは少数の企業による独占がマイナスの影響を与えることだ」と教えます。でも同じ内容をビジネススクールで教える場合には「独占利潤がなければ超過利益は得られない。であれば自社がこの分野で独占利潤を得るにはどうすべきか」といういい方もできるんですね。そういった意味での考え方、フレームワークを身につけることは大事だと思います。

◆専門家が自由に発信できる体制づくりを

山本　では、ちょっと切り口を変えてお聞きしますが、２０２０年に厚生労働省のクラスター対策班のメンバーだった西浦博《にしうらひろし》教授は、新型コロナウイルスの流行をＳＩＲに近いモデルでリアルタイム予測して公表されましたよね。ところが、「東京の死者が数万人」といったセンセーショナルな部分だけがメディアに切り取られて、ものすごいバッシングが起きてしまった。あのようなケースから見える社会からの期待値との兼ね合いについては、経済学者としてどんな風に気をつけられていますか。

小島　それも非常に難しいところですね。私がそういった提言の機会をいただいた場合は、当たり前のことですが、なるべく正確に話をしようと個人のレベルでは気をつけています。

一方で、これは無責任ないい方にも聞こえかねないかもしれませんが、研究者がそのような提言を自由に発信できる環境はなによりも大切だとも思っています。仮に西浦先生の予測が外《はず》れたとしても、大学は先生をクビにするというようなことはあってはなりません。リスキーであり、かつ支持を得にくい予測であっても、研究者の発信が守られる仕組みづくりは社会全体で整えていくべきだと思います。

山本　それはもちろん、社会の健全性としてそうあるべきですね。

小島　バランスの取り方が難しいところではあるのですが。たとえば、金融政策の担当者は政治的に選挙で選ばないほうがいいという話が伝統的にありますよね。裁判官とかも同様です。それに近い構造として、研究者に短期的な「結果」に対する過度なインセンティブを与えない仕組みを作ることが、結果として専門家の知見が発信しやすい社会になる。自分のためではなく、社会のための発信である、という位置づけにしたほうが研究者にとってはやりやすいのではないでしょうか。まあ、それは裏返すと悪名高き終身雇用制につながってもしまうのですが。ただ、終身雇用制には弊害ばかりではなく、そういった意義もあるという視点を持っておくことも大切だと思います。

◆ＳＤＧｓにおける政府と企業の役割分担は

山本　最後に再び持続可能性のテーマに戻りますが、たとえばＳＤＧｓの17の目標（33ページ）の中でも、事業化しづらい分野と、事業化しやすい分野がありますよね。ジェンダー平等や飢餓問題のような事業化しづらい課題は、企業ではなく各国政府やNGOが担《にな》えばいい、という考え方もあります。ただそうなると、その分野でのテクノロジーのイノベーションは当然起きづらい。この現状の役割分担についてはどのようにお考えでしょう。

小島　伝統的な経済学の立場で発言するならば、儲からない分野に企業が手を出さないというのは、ある意味では仕方がないことだと思います。そこは、まずは政府が介入していくという方法にならざるを得ないでしょう。

ただ、政府がなにをどこまですべきかという役割分担は大事です。政府が実際に事業まで全部すべきなのか、それともここから先は企業が介入して儲かるような仕組みを作る、つまりインセンティブをどうすればつけられるのか、という話になっていくでしょうね。

学校の運営を例に挙げると、公立学校という仕組みがある大きな理由は、教育には正の外部性があるという点です。そのため、世界の多くの国で教育には公的機関が責任を持つという形になっていますよね。ただ、運営自体は、必ずしも政府がやる必要はなくて、実際アメリカのいわゆるチャータースクールなどは、お金は公的に出すけれども学校の運営は民間が行なうというモデルで、ある程度の成果が出ているとされています。コスト意識を考えるとか、優れたオペレーションづくりとか、そういった企業が得意な分野を上手く活用していくほうが、合理性はある場合が多いと思っています。政府と企業ではそもそものインセンティブが違いますから、政府に期待すべきことはしてもらって、その上でどこからならば自分たちにできることがあるのか、というスタンスをわきまえることが大事ではないでしょうか。

山本　今後もブロックチェーン、スマートコントラクト、デジタル空間に所有権を生むNFTといった、新しいテクノロジーやツールは次々に生み出されていくでしょう。そこで経済学とテクノロジーがしっかり連携することで、社会が最適化され、世界はもっとよくなっていけると私は信じています。

そしてそのためには、行政機関、アカデミア、民間企業のコミュニケーションが日本でももっと活発になっていくべきではないでしょうか。アメリカのように、サバティカル休暇をこれまで組んだことのない相手との研究やリサーチに充ててみようかな、という人が増えれば、必ず新しいイノベーションにつながっていくはずです。経済学が社会とアカデミアの架け橋になることで、そういった交流がもっと期待できるのではという希望も持っています。

ビジネスにおいて利益は重要な目的ですが、唯一の目的ではありませんよね。よりよい社会の実現に向けて、経済学は理想を現実に変えていくためのフレームワークとして、まだまだ活用できるのではと思っています。

おわりに

ＥＳＧ、ＳＤＧｓ、パーパス、多くのカタカナ文字が我々の周りで見る機会が増えました。その名前をマーケティングに使う企業も多いです。しかし、立ち止まって考えてみてください。何のためにその文字が生まれて来たのかを。「社会をよりよくしたい」。この本を手にとった方の多くは、この思いを持たれているでしょう。

では、具体的にどうすればいいのか。個人であれば身近なボランティアや、大企業であれば利益の余剰で植林など慈善事業をするのは素晴らしいことです。しかし、それ以上にできること、たとえば本業のビジネスモデルを少しでも変えれば、より社会へのインパクトが大きくなることが多いのです。

そのためには最新のテクノロジーの知識は必須です。昔はコストが高くて、利益にも社会にも良い事業をできなかったことが、近未来では実現できる。そういったチャンスを常に模索できる時代なのです。

個人もそうでしょう。何気なく生活していると、気づかないうちにじつは社会や環境に負担のある生き方をしていたということはよくあります。無知は罪にもなりえます。ではそうならないためにはどうすればいいのか。最新のテクノロジーを使いこなしたり、知ることによって選択肢は増えるのです。

「政府や、意思決定者が分かっていないから世の中はうまくいってない」、そう文句をいうのは簡単です。しかし、選挙や、資産運用でどういったところに資金を配分するかという、そういった体制ができる過程で個人でも関与できるところは十分にあります。


2021年に起こったミャンマーのクーデターなど、全員の意見が政治に反映されるということは、現代でも当たり前のことではないのです。表現の自由や教育を受ける権利、裁判を受ける権利などの人権は海外では空気のように当たり前ではありません。

だからこそ言葉にして、意識的に追求しなければなりません。その貴重さを忘れてしまうと、悪意を持った人物の聞こえがいい言葉に騙《だま》されてしまいます。平和も同じことです。意識的に追求し、具体的に行動しなければ、望まぬ紛争や、一方的な攻撃にやられてしまいます。

日本では「沈黙は金なり」という風潮がありますが、逆に、「沈黙は賛同していること」という解釈が欧米にはあります。ブラック・ライブズ・マターという運動に続きアジアン・ヘイトというアジア人への差別的な行動への反対運動がありましたが、日本では他人《ひと》事《ごと》のように映っていた人も多いかと思います。日本人は中国や韓国人とは違うという意識があったかもしれません。しかし、海外では同じに見られてしまうわけです。そのときに声を上げなければ、少なくとも海外では差別運動に賛同していると思われてしまうのです。

白分の意見を察してもらうということは、日本国内では美徳ですが、海外では逆効果になってしまいます。

また、メディアでも今や誰もが情報発信できる時代です。

ほうっておけば、過激な意見が溢れ、謙虚な人の意見は埋もれてしまう、それを防ぐためにできることは多々あります。

日本は出る杭を打つのは得意です。しかし、それを続けていたら環境問題のように、「不都合な真実」が多く存在する問題を解決することは不可能でしょう。

正論の揚げ足を取って批判することは、何の解決にもなりません。

ましてや一国の問題ではなく、全世界の問題ではなおさらです。

日本は1956年の水俣病などの国内の環境問題だけでなく、京都議定書や、九州・沖縄サミットで発足が決まった世界基金など、もともと国際環境問題にも縁がある国です。ただ、言語の壁もあり、国際的な環境問題へのアプローチという点では、十分に意識が伝わっていないように感じます。環境省が庁から昇格したのもまだ2001年の出来事です。

本来ならば、海外からの人気が高く京都大学をはじめとした技術力もある京都や、世界自然遺産に新しく登録され、技術レベルの高い沖縄科学技術大学院大学がある沖縄から、世界に英語で発信できることは多いでしょう。しかし、残念ながらそれができる人材が不足しているのが現実です。

本書がそのギャップを縮小し、読者の一人ひとりが課題意識を持って、周りの人と議論を始めることを心より願っています。複雑な問題ほど、皆がまったく同じ意見にはならないでしょう。最初から、いきなり正解にたどり着くことなどありえません。いろんな方と議論をして、より洗練された見解にたどり着くのです。

専門家しか意見を出してはいけないという風潮はイノベーションの妨《さまた》げです。正解のない世界を生き抜くには、問い続け、仮説を更新し続けるしかないのです。

単にセミナーの講師に正解を求めるのではなく、激動の時代の中で、常に英語で最新の技術や世界動向などを自分の頭に取り入れる態勢を作ってください。

専門家に任せられればどれだけ楽でしょうか。残念ながらテクノロジーもそうですが、環境問題への対処については外注してはいけません。自分たちの仕事の中に、当たり前のように織り込まれなければならないからです。

「私は関係ない」という傍観者や「この言葉の使い方が間違っている」と指摘だけして代案を出さない批評家も楽でしょう。しかし、環境問題に関しては全員が関係者なのです。望むにせよ、望まないにせよ、次世代の子孫が変えたくても変えられない、その行動のレバーを握っているのです。

ほうっておくと、自分だけの利益の追求が社会全体の不利益となる「コモンズの悲劇」に示されるように、利己的な人の行動に押されてしまうのです。もし、読者が「私には良心がある」と思うならば、「自分たちが行動しない」ということは、他人の利己的な行動を許すことにつながってしまうという大きな機会損失を考慮に入れてください。

最後に、環境学の基礎を教えて頂いた吉田先生、高木先生、國島先生、湊先生、山路先生、佐藤先生、松橋先生、茂木先生、縄田先生、開成の校長を務められた柳沢先生など多くの先輩方や、Dwight Clark氏、ＢｏｆＡ証券（旧メリルリンチ証券）の林様、スタンフォード大学から東京大学に移られた小島先生、常に支えて頂いているUS Japan Leadership Program の皆様、そして編集や貴重な意見を頂いた阿部様、多田様に感謝申し上げます。

この本は多くの先輩方から頂いた私の学びをまとめたものです。学術的な厳密性よりも、興味を持つきっかけになることを目的としています。この本を読み終え、日本語だけでないさらに多様な「知」を追い続け行動に反映してください。読者の皆様が同様に、環境問題、社会問題について次の世代に伝え、環境や多様性について世代や職業を超えて当たり前の様に議論し、日常の行動に織り込む日が来ることを願ってやみません。

感想や建設的なご意見等ございましたら yamamototech2020@gmail.com か、左のＱＲコード（https://bit.ly/2WdCiHh）の情報配信登録フォームからお寄せください。

著者

※感想、お問い合わせは、上記のＱＲコードを読み取っていただいた先のフォームにお寄せください。

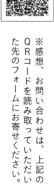

★読者のみなさまにお願い

この本をお読みになって、どんな感想をお持ちでしょうか。祥伝社のホームページから書評をお送りいただけたら、ありがたく存じます。今後の企画の参考にさせていただきます。また、次ページの原稿用紙を切り取り、左記まで郵送していただいても結構です。

お寄せいただいた書評は、ご了解のうえ新聞・雑誌などを通じて紹介させていただくこともあります。採用の場合は、特製図書カードを差しあげます。

なお、ご記入いただいたお名前、ご住所、ご連絡先等は、書評紹介の事前了解、謝礼のお届け以外の目的で利用することはありません。また、それらの情報を6カ月を越えて保管することもありません。

〒101-8701（お手紙は郵便番号だけで届きます）
祥伝社　新書編集部
電話03（3265）2310
祥伝社ブックレビュー　www.shodensha.co.jp/bookreview

★本書の購買動機（媒体名、あるいは○をつけてください）

＿＿＿＿新聞の広告を見て	＿＿＿＿誌の広告を見て	＿＿＿＿の書評を見て	＿＿＿＿の Web を見て	書店で見かけて	知人のすすめで

★100字書評……世界を変える5つのテクノロジー

名前

住所

年齢

職業

山本康正　やまもと・やすまさ

1981年、大阪府生まれ。東京大学で修士号取得後、三菱東京UFJ銀行米州本部にて勤務。ハーバード大学大学院で理学修士号を取得し、グーグルに入社。フィンテックの導入や新しい技術導入、ビジネスモデル変革等のDXを支援することで、テクノロジーの知見を身につける。日米のリーダー間にネットワークを構築するプログラム「US-Japan Leadership program」フェローなどを経て、ビジネスとテクノロジーの両方の知見を活かし、主に「フィンテック」や「人工知能（AI）」を専門とするベンチャー投資家として活動。京都大学大学院特任准教授も務める。著書に『次のテクノロジーで世界はどう変わるのか』（講談社現代新書）、『ビジネス新・教養講座　テクノロジーの教科書』（日経文庫）、『2025年を制覇する破壊的企業』（SB新書）など。

世界《せかい》を変《か》える5つのテクノロジー

SDGs、ESGの最前線《さいぜんせん》

山本康正《やまもとやすまさ》

2021年9月10日　初版第1刷発行

発行者……………辻 浩明

発行所……………祥伝社《しょうでんしゃ》

〒101-8701　東京都千代田区神田神保町3-3
電話　03(3265)2081(販売部)
電話　03(3265)2310(編集部)
電話　03(3265)3622(業務部)
ホームページ　www.shodensha.co.jp

装丁者……………盛川和洋

印刷所……………萩原印刷

製本所……………ナショナル製本

Printed in Japan　ISBN978-4-396-11636-1　C0234